Александр Шашкин

Определение местоположения источника радиосигнала

Александр Шашкин

Определение местоположения источника радиосигнала

LAP LAMBERT Academic Publishing

Impressum / **Выходные данные**

Bibliografische Information der Deutschen Nationalbibliothek: Die Deutsche Nationalbibliothek verzeichnet diese Publikation in der Deutschen Nationalbibliografie; detaillierte bibliografische Daten sind im Internet über http://dnb.d-nb.de abrufbar.

Alle in diesem Buch genannten Marken und Produktnamen unterliegen warenzeichen-, marken- oder patentrechtlichem Schutz bzw. sind Warenzeichen oder eingetragene Warenzeichen der jeweiligen Inhaber. Die Wiedergabe von Marken, Produktnamen, Gebrauchsnamen, Handelsnamen, Warenbezeichnungen u.s.w. in diesem Werk berechtigt auch ohne besondere Kennzeichnung nicht zu der Annahme, dass solche Namen im Sinne der Warenzeichen- und Markenschutzgesetzgebung als frei zu betrachten wären und daher von jedermann benutzt werden dürften.

Библиографическая информация, изданная Немецкой Национальной Библиотекой. Немецкая Национальная Библиотека включает данную публикацию в Немецкий Книжный Каталог; с подробными библиографическими данными можно ознакомиться в Интернете по адресу http://dnb.d-nb.de.

Любые названия марок и брендов, упомянутые в этой книге, принадлежат торговой марке, бренду или запатентованы и являются брендами соответствующих правообладателей. Использование названий брендов, названий товаров, торговых марок, описаний товаров, общих имён, и т.д. даже без точного упоминания в этой работе не является основанием того, что данные названия можно считать незарегистрированными под каким-либо брендом и не защищены законом о брендах и их можно использовать всем без ограничений.

Coverbild / Изображение на обложке предоставлено: www.ingimage.com

Verlag / Издатель:
LAP LAMBERT Academic Publishing
ist ein Imprint der / является торговой маркой
OmniScriptum GmbH & Co. KG
Heinrich-Böcking-Str. 6-8, 66121 Saarbrücken, Deutschland / Германия
Email / электронная почта: info@lap-publishing.com

Herstellung: siehe letzte Seite /
Напечатано: см. последнюю страницу
ISBN: 978-3-659-62071-3

Оглавление

Введение.

Задачи определения местоположения (МП) источника радиоизлучения (ИРИ) решается различными службами, например службами радиоконтроля, радиоразведки, охраны и поиска автомобилей и т.д.

Эти задачи могут решаться на практике посредством либо стационарных пунктов приема сигналов, расположенных в определенных фиксированных точках и связанных в некую систему, имеющую единую шкалу синхронизации и каналы передачи результатов измерений параметров источников радиосигналов между этими пунктами, либо решаться одним или несколькими пунктами, расположенными на мобильных объектах. В последнем случае предполагается, что в пункте (или пунктах) имеются технические средства определения координат и если их (пунктов) несколько, то они, кроме того, связаны каналами передачи результатов измерений и осуществления взаимного сведения шкал синхронизации.

Рассмотрим далее основные принципы решения этих задач и некоторые примеры их использования на практике.

1.Исходные данные о навигационных измерениях

1.1 Структура навигационных систем

Систему определения МП ИРИ можно представить как состоящую из трех связанных между собой элементов: передающая станция, расположенная в пункте с неизвестными географическими координатами; радиоканал (РК); пункт (или пункты) приема с аппаратурой приема и обработки сигналов передающих станций, позволяющей определять необходимые навигационные данные.

Полезная информация в радионавигационных системах образуется в тракте распространения радиоволн благодаря свойству радиоволн распространяться в однородной среде по кратчайшим расстояниям с конечной скоростью (около 300 м/мкс).

Блок-схема радионавигационной системы может быть представлена в виде рис.1.

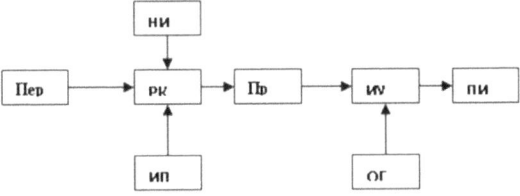

Рис.1 Блок-схема радионавигационной системы: Пер – передатчик; РК – радиоканал; НИ – навигационная информация; ИП – источник помех; Пр –

приемник; ИУ – измерительное устройство; ОГ – опорный генератор; ПИ – получатель информации

Передатчик (Пер) в радионавигационной системе рис.1 излучает в эфир сигнал. Сигнал в линии связи подвергается воздействию помех (ИП) и в процессе распространения от передатчика до приемника (Пр) приобретает навигационную информацию (НИ). С выхода приемника сигнал в аппаратуре абонента поступает в измерительное устройство (ИУ), на второй вход которого подаются сигналы опорного генератора (ОГ). С выхода измерительного устройства радионавигационная информация поступает на вход блока "получатель информации (ПИ)". В качестве ПИ может рассматриваться, например, устройство отображения на географической карте местоположения источника радиоизлучения.

В радионавигационных системах излучаемые передатчиком колебания не содержат навигационной информации, а структура этих колебаний, их спектральный состав могут быть заранее известны в точке приема. Навигационная информация как совокупность сведений о пространственном положении ИРИ поступает непосредственно в РК. В результате изменения взаимного расположения элементов радионавигационной системы в пространстве, изменения протяженности и ориентации радиолинии, связывающей передатчик и приемник, сведения о расстоянии, направлении, скорости движения объекта навигации преобразуются в радиосигнал путем изменения того или иного параметра электромагнитного поля, его амплитуды, фазы или частоты, что равносильно процессу модуляции.

Кроме полезной информации о положении и движении объекта, в линию связи поступают различные помехи естественного и искусственного происхождений.

Выполнение навигационных измерений связано с одним из параметров электромагнитного поля, распространяющейся радиоволны:

- амплитудой колебания $E(x)$;
- фазой колебания $\varphi(x)$;
- частотой колебания $\omega(x)$;
- временем распространения $t(x)$.

Для излучаемого сигнала принимаемые сигналы в соответствии с вышесказанным могут иметь один из следующих видов:

$$e = E(x)\sin(\omega t + \varphi), \qquad (1)$$
$$e = E(x)\sin(\omega t + \varphi(x)), \qquad (2)$$

$$e = E(x)\sin(\omega(x)t + \varphi), \qquad (3)$$

$$e = E(x)\sin(\omega t(x) + \varphi). \qquad (4)$$

Все имеющиеся радионавигационные средства (системы) можно разделить (классифицировать) по признаку того параметра электромагнитного поля, который положен в основу радионавигационных измерений: амплитудные, фазовые, частотные и временные. Для амплитудных радионавигационных средств свойственно, в частности, использование антенн направленного действия и осуществление с помощью этих антенн угловых измерений. В фазовых и частотных средствах – применяют фазовые и частотные методы навигационных измерений. Во временных – осуществляют точные измерения временных интервалов, определяя моменты прихода принимаемых сигналов.

Применяют также и комбинированные радионавигационные системы: амплитудно-временные, амплитудно-фазовые, фазово-временные.

Можно классифицировать радионавигационные системы по признаку измеряемой навигационной величины: направление (угол), расстояние, разность расстояний. По этому признаку системы могут быть угломерные, дальномерные и разностно-дальномерные. Можно любую измеряемую навигационную величину связать с любым из параметров радиоволны (1)-(4). Однако использование не всех параметров радиоволны практически целесообразно.

1.2 Принципы определения местоположения

Угломерный метод. Определение направления из какой-нибудь точки пространства на источник радиоизлучения осуществляется путем измерения угловых величин в заданной системе координат. Процесс определения направления в пространстве радиотехническими методами называется *радиопеленгованием.* Если за начало отсчета углов принимается магнитный меридиан в месте наблюдателя, то получаемые углы называют магнитными радиопеленгами. При отсчете углов от географического меридиана, получаемые углы называют *истинными радиопеленгами* или *азимутами.*

Поскольку каждая точка сферы радиоволны распространяется по линии большого круга на поверхности Земли, то кратчайшее расстояние между двумя точками ($A - B$ на рис.2) на поверхности Земли представляет собой дугу большого круга, называемую *ортодромией.* Уравнение ортодромии в географической системе координат имеет вид

$$ctg\,\alpha = \cos\varphi_A\,tg\,\varphi\cos ec(\lambda - \lambda_A) - \sin\varphi_A\,ctg(\lambda - \lambda_A)\,,$$

где φ_A, λ_A - географические координаты точки А, а φ, λ - географические координаты текущей точки ортодромии.

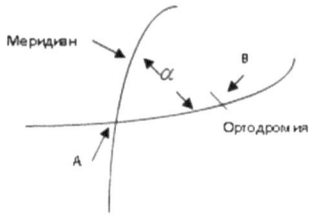

Рис.2 Движение по ортодромии

Длина отрезка ортодромии S (ортодромическое расстояние) между точками *A* и *B* с координатами φ_A, λ_A и φ_A, λ_A выражается формулой

$$\cos S = \sin \varphi_A \sin \varphi_B + \cos \varphi_A \cos \varphi_B \cos(\lambda_B - \lambda_A)$$

и $S_{[км]} = 1,825 S'$,

где S' - длина дуги *S*, выраженная в угловых минутах.

Если для двух точек земной поверхности *A* и *B* (рис. 3) определить два пеленга относительно магнитного меридиана α_A - и α_B, то графическим путем (по карте) или путем вычислений можно получить место абонента (Аб).

Существующими в настоящее время типовыми радиотехническими средствами определение направления в пространстве производится с ошибкой от нескольких градусов до нескольких угловых минут, а более совершенные средства имеют ошибку, не превосходящую десятых долей угловых минут.

Разностно-угломерный метод. Линия положения разностно-угломерного метода (рис.4) представляет собой окружность: разность направлений на два пункты *A* и *B* равна половине дуги, на которую опирается эта разность направлений.

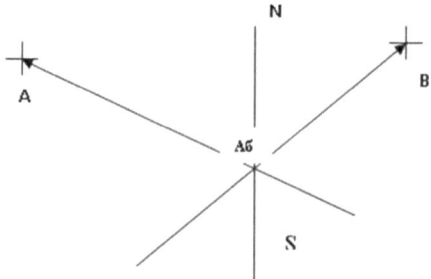

Рис.3 К определению местоположения абонента (АБ) относительно двух пеленгов.

Известные направления на пункты *A* и *B* позволяют определить местоположение абонента. Полученная на основе этих двух направлений линия положения в виде окружности не привносит дополнительную информацию для определения местоположения. Такие построения могут оказаться уместными в том случае, когда получить абсолютные (относительно магнитного или географического меридиана) не представляется возможным и можно получить только разностно-угловые измерения.

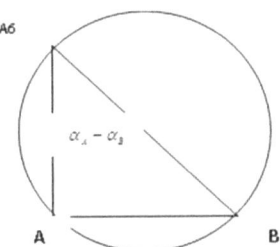

Рис.4 Иллюстрация линии положения разностно-угломерного метода

Дальномерный метод. Измерение дальности (расстояния) можно осуществить различными радиотехническими методами, основанными на измерении времени распространения радиоволн. Предположим, что в пункте *A* (рис.5) размещен передатчик, а в пункте *B* – приемник и устройство для измерения времени. Предположим также, что радиоволны распространяются прямолинейно и с постоянной скоростью c . Тогда время распространения радиоволн из пункта *A* в пункт *B* будет пропорционально расстоянию между этими двумя пунктами,

$r_{AB} = ct_{AB}$.

Измерение времени распространения t_{AB} дает возможность определить расстояние r_{AB} .

Ошибка определения расстояния пропорциональна ошибке измерения времени. Так если ошибка измерения времени равна $\Delta t = 1$мкс, то ошибка определения расстояния равна

$\Delta r = c\Delta t = 3*10^8 [м/с]*1[мкс] = 300 м.$

Для измерения времени необходимо снабдить оба пункта, пункт *A* и пункт *B*, хранителями точного времени либо частоты. Измерение точного времени распространения сигналов между пунктами может осуществляться посредством измерения интервалов между соответствующими принятыми и местными импульсами в пункте *B*.

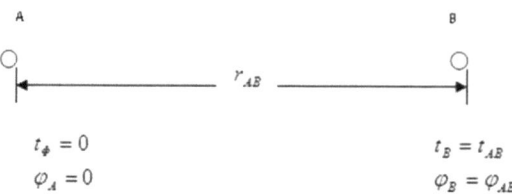

Рис.5 Пояснение измерения дальности

Измерение дальности может осуществляться также на основе измерения разности фаз радиосигналов принятой и местной в пункте *В*. Если считать фазу излученного в пункте *А* сигнала принять равной 0 (рис.5), то измеренная в пункте *В* разность фаз будет равна

$\varphi_{AB} = \omega t_{AB},$

где ω - частота радиосигнала. Заменяя частоту длиной волны , получим

$$\varphi_{AB} = \frac{2\pi}{\lambda} r_{AB},$$

откуда

$$r_{AB} = \frac{\lambda}{2\pi} \varphi_{AB}.$$

Для фазовых измерений точность определения расстояния зависит от точности измерения фазы радиосигнала,

$$\Delta r = \frac{\lambda}{2\pi} \Delta \varphi.$$

Так для ошибки измерения фазы, равной и длине волны 3000 м ошибка измерения дальности будет равна

$$\Delta r = \frac{3000}{6,28} = 30 м.$$

Измеренное расстояние позволяет утверждать, что абонент (объект, определяющий свое местоположение) находится на расстоянии r_A от точки *А*, пункта излучения сигнала с известными координатами местоположения. Линия равного удаления от этой точки будет окружностью. Эта линия называется линией положения.

Измерение двух расстояний от двух точек с известными координатами - r_A и r_B (рис.6) дает две линии равных расстояний, пересечение которых позволяет определить место объекта (абонента). Однако полученные таким образом окружности пересекаются в двух точках M и M'. Определение местоположения будет неоднозначным. Устраняется эта неоднозначность двумя путями. Первый путь – "счисление" местоположения объекта: объект априори знает свое местоположение; если априорное знание местоположения меньше интервала неоднозначности, то объект устраняет неоднозначность.

Второй путь исключения неоднозначности – построение дополнительной линии положения.

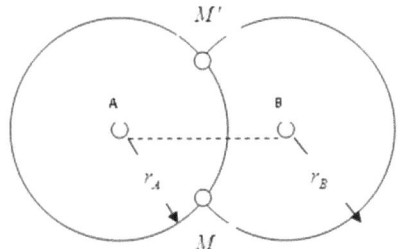

Рис.6 Определение местоположения дальномерным методом

Аналогичная неоднозначность имеет место при осуществлении фазовых измерений. Кроме того, при фазовых измерениях линии положения, соответствующие одному и тому же значению разности фаз в пределах периода радиосигнала, повторяются с интервалом, равном длине волны радиосигнала (что соответствует периоду колебания радиосигнала).

Реализация такого метода определения навигационных координат сопряжена с необходимостью наличия на объекте хранителя шкалы синхронизации с высокой точностью. Ошибка хранимой шкалы является составляющей ошибки измерения дальности или измерения фазы принимаемого сигнала. При измерении дальности радиостанции излучают радиоимпульсы, при измерении фазы – излучают непрерывный радиосигнал.

Следующий метод измерения навигационных координат свободен от необходимости точного знания шкалы синхронизации.

Разностно-дальномерный метод. В этом случае на объекте (в точке приема сигналов станций *A* и *B*) осуществляют измерение разности моментов прихода радиосигналов станций (разности шкал синхронизации станций А и В в месте приема) – рис.7.

В фиксированных пунктах А и В передающие радиостанции имеют согласованные шкалы синхронизации (времени), излучают либо импульсные радиосигналы либо непрерывные. В случае излучения импульсных радиосигналов излучения осуществляют одновременно или с известным для объекта сдвигом по времени. В случае непрерывны излучений фазы в момент излучения совпадают или имеют известный для объекта сдвиг.

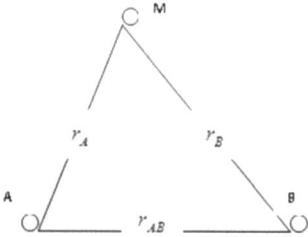

Рис.7 Пояснение измерения разности расстояний

В месте приема сигналов на объекте (пункт *M* на рис.7) измеряют разность моментов прихода принимаемых сигналов (или разность фаз). При этом *линия равной разности дальностей (или фаз), линия положения, имеет вид гиперболы* – рис.8. Линия положения, полученная на основе сигналов станций *A* и *B* – гипербола r_{AB}. Для определения местоположения необходимо иметь еще одну линию положения, т.е. воспользоваться сигналами еще одной наземной станции – на рис.8 станция *C*. В этом случае могут быть построены аналогично построению линии положения r_{AB} две дополнительные линии положения (r_{A-C} и r_{B-C}). Точка пересечения трех линий положения указывает местоположения объекта и при этом разрешает многозначность, которая возникает при рассмотрении только двух линий положения r_{A-C} и r_{B-C}.

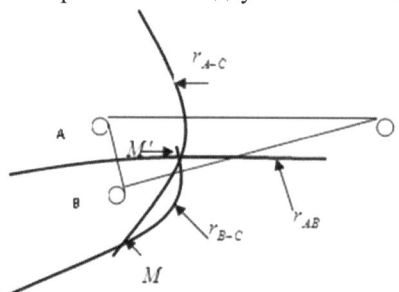

Рис.8 Определение местоположения разностно-дальномерным методом

Комбинированный метод. При комбинированном методе могут быть использованы любые комбинации методов получения линий положения: угломерный с дальномерным, угломерный с разностно-дальномерным и т.д. Виды применяемых комбинаций методов и соответствующих им линий положения определяются возможностями технических средств, имеющихся на объекте, у абонента.

1.2.1 Носители навигационных сообщений.

Носитель сообщения в виде радиоимпульса. Для дисперсии измерения момента прихода сигнала справедливо соотношение, определяемое формулой Вудворда [1],

$$\sigma_t^2 \geq \frac{P_{ш}}{P_c F_c^2},$$ (5)

где - отношение сигнал/помеха на входе измерителя; - полоса частот сигнала.

Для $\dfrac{P_c}{P_{ш}}$ = 50 (обычно такое отношение сигнал/помеха является нормальным для передачи сообщений речи) и для $\sigma_t = 0,1 * 10^{-6}$ получим $F_c \geq 1,4 * 10^6$.

Таким образом, для получения оценки навигационного параметра с высокой точностью (дисперсия не более 0,1 мкс) необходим сигнал с относительно большой (по сравнению с полосами частот, например, УКВ-связи) полосой спектра частот, $F_c \geq 1,4 * 10^6$.

Квазигармоническое колебание с фазовым носителем навигационного сообщения. Для дисперсии (в радианах) измерения фазы гармонического сигнала справедливо [6]:

$$\sigma_\varphi^2 \geq \frac{1}{n\gamma^2} [рад^2],$$ (6)

где γ - отношение сигнал/помеха на входе измерителя; n - число некоррелированных измерений.

Если полоса приемного тракта равна величине ΔF, а интервал измерения равен T, то число некоррелированных измерений равно

$$n \approx T * \Delta F.$$ (7)

Тогда с учетом (7) дисперсия σ_φ^2, определенная соотношением (6), может быть представлена в виде

$$\sigma_\varphi^2 \geq \frac{1}{T * \Delta F * \gamma^2}.$$ (8)

Соответствующие соотношению (8) флюктуации фазы, отсчитанные по шкале времени, для среднеквадратического значения могут быть представлены как

$$\sigma_t \geq \frac{1}{2\pi * f_0 * \gamma * \sqrt{T * \Delta F}},$$ (9)

где f_0 - частота гармонического колебания, на которой осуществляются фазовые измерения.

Так для $\gamma = 1$ в (6) (что соответствует $\frac{P_c}{P_w} = 0,5$) и $\sigma_\varphi = \frac{2\pi}{100}$ получим $n \geq 256$. Если полоса приемника равна $\Delta F = 25$ кГц (это соответствует полосе частот УКВ-радиостанций), то интервал между некоррелированными выборками равен $\Delta t = 1/\Delta F = 0,04 * 10^{-3}$. Тогда время измерения $T = \Delta t * n = 0,1$ с. Т.е. для параметров радиоканала, имеющих относительно неширокие полосы частот, в случае фазового метода передачи навигационных сигналов обеспечивается необходимая точность измерений (дисперсия не более 0,1 мкс).

Однако для фазовых измерений характерно наличие, как отмечалось ранее, неоднозначности фазовых измерений.

При измерении фазовыми методами дальности определяется изменение фазы сигнала за время распространения волны. Если фазу колебания в точке излучения, точке A на рис.9, обозначить $\varphi_1 = \omega t$, то фаза колебания в точке приема приобретет сдвиг, пропорциональный пройденному расстоянию r:

$$\varphi_2 = \omega(t - \frac{r}{c}).$$ (10)

Разность фаз колебаний будет

$$\psi = \varphi_1 - \varphi_2 = \frac{\omega}{c} r = \frac{2\pi}{\lambda} r,$$ (11)

откуда расстояние будет равно

$$r = \frac{\lambda}{2\pi} \psi.$$ (12)

Т.е. измеряя разность фаз ψ, можно определить линию положения для которой $r = const$. Линии положения имеют вид кругов описанных вокруг точки излучения, интервал между которыми равен λ. На рис.9 показаны несколько изофаз, соответствующих $\psi = 0$.

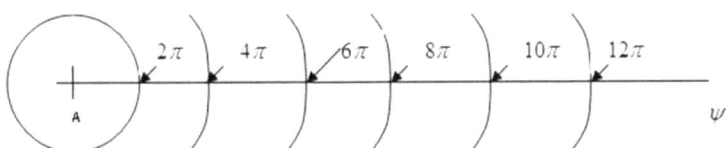

Рис.9 Измерение расстояния фазовым методом

Зона, в пределах которой фаза изменяется на 2π, является зоной однозначного отсчета, называется она *фазовой дорожкой*. Возникает необходимость в определении числа полных фазовых циклов, которые укладываются на измеряемом расстоянии . Рассмотрим методы устранения этой неоднозначности.

Методы разрешения многозначности фазовых измерений. Существует противоречие между точностью фазового отсчета и его однозначностью: выигрыш в точности при повышении номинала радиочастоты сопровождается увеличением неоднозначности – увеличивается число фазовых дорожек на одном и том же интервале дальности.

Наиболее простым методом разрешения неоднозначности является метод "счисления" – определение истинной фазовой дорожки на основе априорного знания местоположения. При этом требуется, чтобы априорная ошибка знания места была меньше, чем ширина фазовой дорожки.

Следующая группа специальных методов основана на периодическом расширении фазовых дорожек. При уменьшении частоты в K раз фазовые дорожки, как это следует из (11), (12), расширяются в такое же число раз. Для расширения фазовых дорожек в 10 и более число раз применяется иной способ. Во время, отведенное для создания грубой сетки с дорожками, расширенными в K раз, наземные станции излучают две частоты, разность которых в K раз меньше основной частоты. Сетка на разностной частоте будет иметь дорожки в K раз шире, чем на основной частоте. Так если точная сетка создается на частоте f_0, а при устранении неоднозначности излучаются две частоты - f_0 и $f_1 = f_0(1 - \dfrac{1}{K})$, то на разностной частоте   сетка будет задаваться в масштабе, уменьшенном в

$$\frac{f_0}{f_0 - f_1} = K$$
раз.   (13)

Таким образом, последовательно во времени создаются то грубая, то точная сетки. Однако разномасштабные сетки могут создаваться различным образом: одновременно можно создавать несколько разномасштабных сеток; можно вводить модуляцию гармонического сигнала, несущего информацию о другом масштабе сетки; можно использовать линии положения другого типа и т.д.

При измерениях на модулирующей частоте или на разностной частоте параметры измерительного тракта изменяются по сравнению с параметрами измерительного тракта для высокой частоты. Чтобы уйти от такого измерения осуществляют измерения на близких частотах, отличающихся на величину разностной частоты. При этом образуют разность измеренных значений фаз. Разностный отсчет служит для устранения неоднозначности, а один из снятых отсчетов на высокой частоте дает точное значение линии положения.

Важным является вопрос согласования разномасштабных фазовых сеток. Желательно, чтобы сочетанию отсчетов по различным шкалам соответствовала в конечном счете определенная линия положения.

Рассмотрим такой способ устранения неоднозначности, при котором отсчеты по нескольким декадным шкалам выполняются на близких частотах, а сами последовательные отсчеты дают различные значащие цифры отсчета по самой точной фазовой сетке.

Пусть основная дальномерная сетка задана на частоте ω_0. Тогда при измерении расстояния $r > \lambda_0$ полный фазовый сдвиг колебания составит

$$\psi_0 = \omega_0 \frac{r}{c} = 2\pi z_0 + \varphi_0.$$

При измерениях на дополнительной частоте ω_1 значение полной разности фаз изменится и будет равно

$$\psi_1 = \omega_1 \frac{r}{c} = 2\pi z_1 + \varphi_1.$$

Величины частот ω_0 и ω_1 определим такие, при которых разностная частота $\Omega = \omega_0 - \omega_1$ образовывала однозначную сетку вплоть до максимальной измеряемой дальности $r_{макс}$. Это соответствует условию

$$\frac{2\pi c}{\Omega} \geq r_{макс}.$$

Фазовый сдвиг на разностной частоте ψ_p может быть определен через фазовые сдвиги на частотах ω_0 и ω_1:

$$\psi_p = \Omega\frac{r}{c} = (\omega_0 - \omega_1)\frac{r}{c} = \omega_0\frac{r}{c} - \omega_1\frac{r}{c} = 2\pi(z_0 - z_1) + \varphi_0 - \varphi_1.$$ (14)

Если в диапазоне $0 < r \leq r_{макс}$ соотношение частот ω_0 и ω_1 удовлетворяет неравенству

$$\frac{r}{2\pi c}(\omega_0 - \omega_1) \leq 1,$$

то разность полных фазовых циклов будет равна либо нулю, либо единице,

$$n = (z_0 - z_1) = 0;1.$$ (15)

Из соотношений (14) и (15) следует, что фазовый отсчет по однозначной сетке равен разности фазовых отсчетов по сеткам неоднозначным:
$$\psi_p = (2\pi n + \varphi_0) - \varphi_1,$$

где $n = 0$ в случае $|\varphi_0| > |\varphi_1|$ и $n = 1$ в случае $|\varphi_0| < |\varphi_1|.$

Поэтому для получения однозначного ответа нет необходимости в измерениях на разностной частоте, достаточно использовать значения фаз на каждой из высоких частот.

1.2.2 Рабочие зоны радионавигационных систем (геометрический фактор)

Рабочей зоной (областью) радионавигационной системы называют область земной поверхности, в пределах которой обеспечивается определение места со среднеквадратической ошибкой, не превышающей заданного значения.

Результат измерения радионавигационного параметра (угол, дальность, разность дальностей) обозначим символом u. Если бы это измерение было бы совершенно точным, то ему соответствовало бы вполне определенная изолиния, которая могла бы быть нанесена на карту. Однако измерение содержит ошибку Δu.

Кратчайшее расстояние между точной - u и ошибочной – ($u + \Delta u$) линиями положения назовем ошибкой линии положения - Δn. Ошибка линии положения представляет собой нормаль к изолинии между точной и ошибочной линиями положения. Отношение ошибки определения навигационного параметра Δu к ошибке линии положения Δn является некоторым вектором, определяющим как направление так и величину ошибки определения линии положения, называется (в пределе при $\Delta u \to 0$) градиентом линии положения - $\overline{g}$. Модуль градиента линии положения равен

$$g = \lim_{\Delta u \to 0}\left|\frac{\Delta u}{\Delta n}\right| = \left|\frac{du}{dn}\right|$$

или приближенно $\quad g = \left|\frac{\Delta u}{\Delta n}\right|$.

Можно показать, что для угломерных систем

$$g_\alpha = \frac{1}{r} \; , \tag{16}$$

для дальномерных –

$$g_r = 1, \tag{17}$$

для разностно-дальномерных –

$$g_{\Delta r} = 2\sin\frac{\gamma}{2}. \tag{18}$$

Значение угла γ пояснено на рис.10 : это угол между двумя сторонами треугольника, определяющими дальности до пунктов излучения навигационных сигналов A и B .

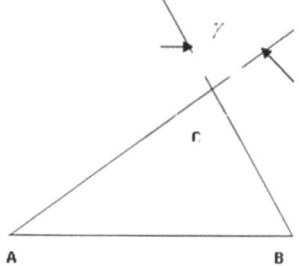

Рис.10 Иллюстрация отсчета разности дальностей при формировании одной линии положения

Среднеквадратическая ошибка определения линии положения - σ_n , очевидно, связана с σ_u аналогичными соотношениями: для угломерных систем $\sigma_n = \sigma_\alpha r$; для дальномерных систем $\sigma_n = \sigma_r$; для разностно-дальномерных систем $\sigma_n = \sigma_{\Delta r} / 2\sin\frac{\gamma}{2}$.

Рассмотрим ошибку определения места на основе пересечения двух линий положения – рис.10.

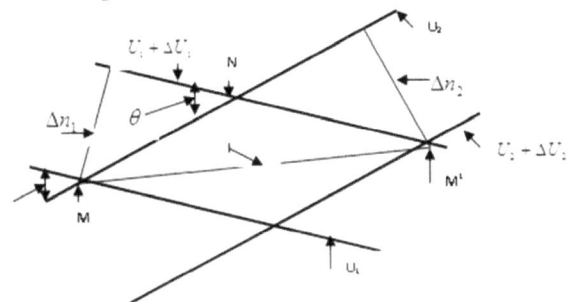

Рис.11 Пояснение формирования ошибки места

Место объекта по двум линиям положения u_1 и u_2 определяется как точка пересечения M этих линий положения. Положим, что каждая из линий положения найдена с ошибками Δn_1 и Δn_1, тогда место объекта будет найдено с ошибкой $l = MM^1$, причем

$$l^2 = (MN)^2 + (M^1N)^2 + 2(MN)(M^1N)\cos\theta$$

или

$$l^2 = \frac{1}{\sin^2\theta}[(\Delta n_1)^2 + (\Delta n_2)^2 + 2(\Delta n_1)(\Delta n_2)\cos\theta] . \qquad (19)$$

Соотношение (17) справедливо для единичного измерения. В случае шумовой ошибки можно получить значение среднеквадратической ошибки измерения. Для этого введем обозначения: среднеквадратическая ошибка места

$\bar{l}^2 = \sigma_l^2 = \frac{1}{n}\sum_{k=1}^{n} l_k^2;$ - квадрат среднеквадратических ошибок линий положения -

$\sigma_{n_1}^2 = \frac{1}{n}\sum_{k=1}^{n}(\Delta n_1)_k^2;$ $\sigma_{n_2}^2 = \frac{1}{n}\sum_{k=1}^{n}(\Delta n_2)_k^2;$ коэффициент корреляции между ошибками

определения линий положения - $\rho_{1,2} = \frac{1}{\sigma_{n_1}\sigma_{n_2}}\frac{1}{n}\sum_{k=1}^{n}(\Delta n_1)_k(\Delta n_2)_k.$

Тогда среднеквадратическая ошибка измерения места будет равна

$$\sigma_l = \frac{1}{\sin\theta}\sqrt{(\sigma_{n_1})^2 + (\sigma_{n_2})^2 + 2\rho_{1,2}\sigma_{n1}\sigma_{n2}\cos\theta}.$$

(20)

При отсутствии корреляционной связи между ошибками измерений линий положения

$$\sigma_l = \frac{1}{\sin\theta}\sqrt{(\sigma_{n_1})^2 + (\sigma_{n_2})^2}.$$

(21)

Ошибки линий положения σ_{n1} и σ_{n2} равны ошибкам определения соответствующих геометрических величин σ_{u1}/g_1 и σ_{u2}/g_2 и тогда (21) можно представить в виде

$$\sigma_l = \frac{1}{\sin\theta}\sqrt{(\sigma_{u1}/g_1)^2 + (\sigma_{u2}/g_2)^2}.$$

(22)

Из выражений (17)-(22) следует, что чем меньше угол между линиями положения, тем больше среднеквадратическая ошибка определения местоположения объекта.

Для упрощения определения границ рабочих областей положим σ_{u1} и σ_{u2} геометрических величин u_1 и u_2 одинаковыми, $\sigma_{u1} = \sigma_{u2} = \sigma$, и что корреляционная связь между этими измерениями отсутствует. Обозначим среднеквадратическую ошибку места через M. Тогда соотношение (22) принимает вид

$$M = \frac{\sigma}{\sin\theta}\sqrt{1/g_1{}^2 + 1/g_2{}^2} = \Gamma\sigma,$$

(23)

где Γ - геометрический фактор – коэффициент, зависящий от взаимного расположения подвижного объекта и пунктов излучения радионавигационных сигналов.

Определим из (23) значение геометрического фактора,

$$\Gamma = \frac{M}{\sigma} = \frac{1}{\sin\theta}\sqrt{1/g_1{}^2 + 1/g_2{}^2}.$$

(22)

Подставляя в (22) значения g_1 и g_2, полученные ранее (16)-(18) для линий положения различного вида можно получить значения геометрических факторов для угломерных измерений -

$$\Gamma_\alpha = \frac{1}{\sin\theta}\sqrt{r_1^2 + r_2^2} ,$$ (25)

для дальномерных измерений –

$$\Gamma_r = \frac{\sqrt{2}}{\sin\theta} ,$$ (26)

для разностно-дальномерных измерений –

$$\Gamma_{\Delta r} = \frac{1}{2\sin\theta}\sqrt{\frac{1}{\sin^2\dfrac{\gamma_1}{2}} + \frac{1}{\sin^2\dfrac{\gamma_2}{2}}} ,$$ (27)

причем

$$\theta = \frac{\gamma_1 + \gamma_2}{2} ,$$ где углы γ_1 и γ_2 показаны на рис.12.

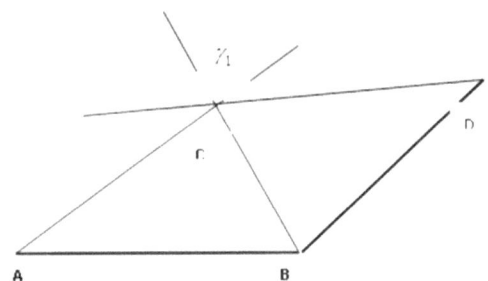

Рис.12 Иллюстрация измерения разности дальностей при формировании двух линий положения

Примеры графиков геометрических факторов для угломерных, дальномерных и разностно-дальномерных измерений, построенные на основ соотношений (23)-(25), приведены на рис.13-16.

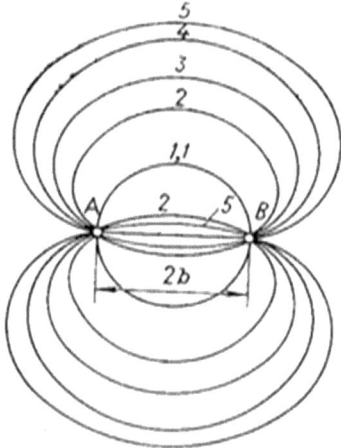

Рис.13 Рабочие зоны при угломерных измерениях

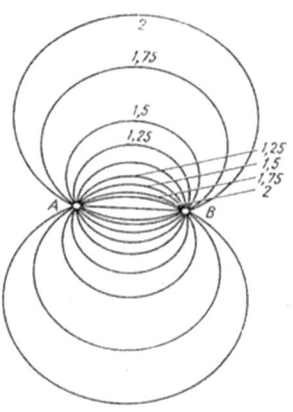

Рис.14 Рабочие зоны при дальномерных измерениях

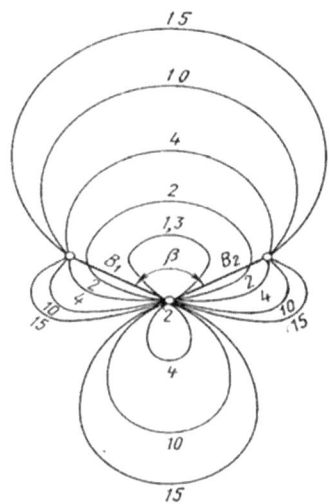

Рис.15 Рабочие зоны при разностно-дальномерных измерениях

Следовательно, при определенной геометрии системы (расположении наземных станций и объекта) необходимо учитывать получаемый геометрический фактор и при возможности определять местоположение объекта на основе сигналов таких наземных станций, которые приводят к наименьшим значениям геометрического фактора.

1.3 Оценка навигационных параметров

1.3.1 Информационная оценка навигационных сообщений.

Используем подход, предложенный Вудвордом [7]. Представим задачу измерения в дискретном виде. Для этого разобьём весь диапазон измеряемых данных на N интервалов. Обозначим интервал дискретизации

$$\Delta h = (h_{max} - h_{min})/N \qquad (28)$$

где h_{max} и h_{min} - верхняя и нижняя границы диапазона измерения. Процедура измерения сводится к определению номера интервала i, соответствующего значения $h_i = \Delta h \cdot i$. Если априорная вероятность h_i равна $p(h_i)$, то величину полученной информации определяется как $I[h_i] = log_2(1/p(h_i)) = -log_2 p(h_i)$ (понятие меры информации было введено К. Шенноном). Ожидаемое, или среднее, значение этой информации, равно энтропии, которую записывают в виде

$$H = -\sum_{i=0}^{N-1} p(h_i) \cdot log_2 p(h_i) \qquad , [бит]. \qquad (29)$$

Энтропия максимальна, если априорное распределение $p(h_i)$ равномерно. В этом случае $p(h_i)=1/N$. Подставляя это значение в (29), получаем максимальное значение для энтропии

$$H=log_2 N. \tag{30}$$

Если измерение происходило без помех, то после него неопределённость исчезает, т. е. получается некоторое количество информации I, равное величине энтропии, предшествующей измерению, т. е. $I=H$. Если же процессу измерения сопутствуют помехи, то после измерения энтропия полностью не исчезает, но убывает и при этом появляется некоторое количество информации $I=H-H_x$, где H_x - энтропия, оставшаяся после выполнения измерения

$$H_x = -\sum_{i=0}^{N-1} p_y(h_i) \cdot \log_2 p_y(h_i), \tag{31}$$

где $p_y(h_i)$ - апостериорное распределение информации.

Необходимое для решения той или иной практической задачи количество информации I должно быть получено в течение некоторого времени $T_н$ (период наблюдения, время между двумя соседними измерениями, отсчётами). Отсюда средняя скорость поступления информации:

$$R = \frac{I}{T_н} = \frac{1}{T_н}\left[\sum_{i=0}^{N-1} p_y(h_i)\cdot\log_2 p_y(h_i) - \sum_{i=0}^{N-1} p(h_i)\cdot\log_2 p(h_i)\right], \tag{32}$$

или информационная способность. Для предельного случая равномерного априорного распределения и отсутствии помех при измерении

$$R = \frac{\log_2 N}{T_н} = \frac{\log_2\left((h_{max} - h_{min})/\Delta h\right)}{T_н}, \text{ [бит/с].} \tag{33}$$

К.Шеннон показал, что теоретический предел скорости передачи информации определяется пропускной способностью системы

$$C = F_c \cdot \log_2\left(1 + \frac{P_c}{P_ш}\right), \text{ [бит/с],} \tag{34}$$

где F_c - полоса пропускания системы передачи информации, P_c и $P_ш$ - мощности соответственно сигнала и шумов в системе, F_c - эффективная ширина спектра принятого сигнала.

Сравнивая (33) и (34) можно заметить следующее:

•   обе формулы позволяют вычислить количество информации в единицу времени;

•   по формуле (33) вычисляется, сколько информации R необходимо получить в единицу времени (полагая, например, что задаётся техническими условиями на разработку);

• по формуле (34) вычисляется количество информации *C* в единицу времени, которую можно получить при заданных параметрах сигнала.

Равенство *R=C* возможно только в том случае, если в формуле (33) рассматривается сигнал на выходе, например, регистрирующего устройства (устройства отображения).

Приравнивая (33) и (34), получаем

$$\delta = \frac{\Delta h}{|h_{max} - h_{min}|} = \frac{1}{N} = 2^{-T_u F_c \log_2\left(1 + \frac{P_c}{P_u}\right)} \quad \text{или} \quad \delta = 2^{-Q}, \tag{35}$$

где $Q = T_u F_c \log_2\left(1 + \frac{P_c}{P_u}\right)$ - объём сигнала.

Формула (8) определяет "минимальное зерно" (минимальную ошибку) навигационных определений. Либо, при задании этого минимального зерна можно определить параметры сигнала, позволяющие обеспечить получение заданной минимальной ошибки навигационного определения. Такими параметрами являются отношение сигнал/помеха, время измерения и полоса сигнала.

1.3.2 Алгоритмы измерения навигационных параметров.

Непосредственному измерению навигационных параметров предшествует операция поиска сигнала. Если навигационный сигнал импульсный (или в виде пачек импульсов), то поиск предполагает определение момента прихода сигнала (или пачек импульсов) с точностью до "тела" радиоимпульса. В случае, когда навигационный сигнал представляет собой последовательность квазигармонических сигналов различных частот, поиск предполагает определение временной диаграммы такого излучения. После завершения операции поиска осуществляется операция непосредственного измерения радионавигационных параметров. Рассмотрим далее принципы построения алгоритмов поиска радионавигационных сигналов и измерения их параметров.

Поиск радионавигационных сигналов[4] рассмотрим на примере импульсных радионавигационных сигналов. Период следования радиоимпульсов (*T* на рис.16) разбивается на интервалы, длительность которых равна длительности радиоимпульса на уровне 0,5 (τ_u на рис. 16). Назовем такие интервалы элементарными интервалами (ЭИ). Каждый элементарный интервал подвергается анализу в соответствии с алгоритмом обнаружения пока не будет получен ответ о наличии сигнала. Анализ элементарного интервала сводится к взятию отсчетов в пределах радиоимпульса и обработке этих отсчетов по критерию Вальда или по критерию Неймана-Пирсона [1]. Если по окончании анализа принимается решение об отсутствии сигнала, осуществляется сдвиг по временной оси и анализ вновь повторяется. Программа сдвига определяется видом процедуры поиска.

В радионавигации используют четыре процедуры поиска: последовательный, последовательно-параллельный, параллельно-последовательный и параллельный.

Последовательный поиск предполагает перемещение анализируемого интервала последовательно от одного интервала, равного ЭИ, к другому с шагом, равным длительности ЭИ. В современных системах последовательный поиск не применяют.

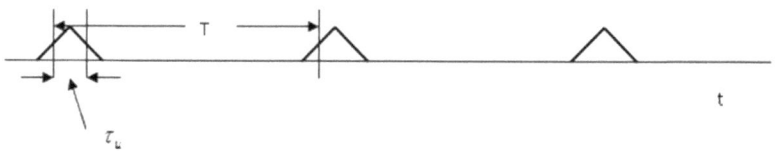

Рис.16 Пример расположения элементарного интервала (ЭИ) при поиске сигнала: - длительность ЭИ; - период следования импульсов

При последовательно-параллельном поиске производится одновременный анализ ряда ЭИ, равномерно разнесенных в пределах периода следования сигнала. После окончания анализа первой группы ЭИ и при отсутствии сигнала анализируемые интервалы смещаются на время ЭИ и так до нахождения радиоимпульса.

Параллельно-последовательный поиск предполагает одновременный анализ ряда смежных ЭИ. После каждого безуспешного окончания анализа ряда смежных ЭИ интервал анализа смещается на длительность этой смежной группы ЭИ.

Наконец, при параллельном поиске одновременно анализируются все интервалы ЭИ в пределах периода следования радиоимпульсов.

Блок-схема одноканального устройства поиска сигнала приведена на рис.17. Формирование интервала анализа в пределах ЭИ осуществляет синхронизатор устройства (блок 5) устройства приема и обработки радионавигационных сигналов.

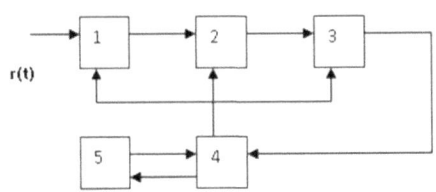

Рис. 17 Блок-схема одноканального устройства поиска сигнала: - сигнал с выхода навигационного приемника; 1 – отсчетное устройство; 2 – накопитель отсчетных выборок; 3 – пороговое устройство; 4 – блок управления; 5 – синхронизатор

Синхронизатор формирует "местную" временную диаграмму (МВД), содержащую стробирующие импульсы в пределах ЭИ. Управление этими интервалами ЭИ - блок 4, осуществляемое на основе анализа выборок с выхода отсчетного устройства (блоки 1-3) в интервале ЭИ осуществляет блок управления 4. Отсчеты тех или других параметров принятого колебания производятся с помощью специально сформированных импульсов, которые будем называть отсчетными импульсами или стробами.

При многоканальном поиске сигналов местная временная диаграмма перемещается согласованно для всех каналов.

В современных условиях развития микропроцессорной техники наиболее популярным является параллельный поиск сигналов, так как эта процедура обладает наименьшим средним временем поиска.

После обнаружения сигнала (импульса) начинается процедура измерения радионавигационных параметров.

Измерение момента прихода импульса (или разрешение фазовой неоднозначности) осуществляется после выполнения операций допоиска – определения характерной точки импульса. Отсчет момента (момента времени) характерной точки и является отсчетом момента прихода сигнала.

Пример радиоимпульсов навигационного сигнала показан на рис. 18 а. Символом *tp* отмечена рабочая точка, за которой осуществляется слежение при измерении РНП. По рабочей точке обычно производится калибровка системы, т. е. «укладка» гипербол на земной поверхности в рабочей зоне РНС.

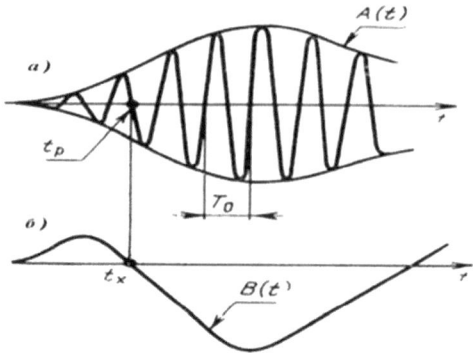

Рис.18   Вид радиоимпульса - (а); сформированный видеоимпульс с характерной точкой огибающей - (б)

Огибающая радиоимпульса рис.18 хорошо аппроксимируется экспоненциально-степенной функцией [4]

$$A(t) = A_m \left(\frac{t}{t_M} \right)^{\mu} \exp\left[\mu\left(1 - \frac{t}{t_M} \right) \right], \quad t \geq 0$$
,

где μ и t_M - параметры аппроксимации, причем t_M характеризует момент времени, когда огибающая достигает максимального значения (например, для системы Лоран-С составляет 80 мкс). Значение μ может быть в пределах от 2 до 3.

Допоиск осуществляется аналогично тому, как осуществлялся поиск сигнала. Отличие состоит в величине анализируемых интервалов времени: при поиске этот интервал равен половине длительности импульса, при допоиске – величине переднего фронта сигнала (импульса). Цель допоиска – определение интервала расположения характерной точки. Для различных систем этот интервал может быть различным: в одних системах он может соответствовать пику сигнала, в других – максимальной крутизне переднего фронта (как на рис. 18 для системы Лоран-С).

После выполнения допоиска осуществляют точное измерение периода, определяемого характерной точкой, осуществляется разрешение многозначности. За этой процедурой следует измерение фазы сигнала - момента прихода импульса посредством измерения фазы сигнала высокочастотного заполнения в периоде, определенном характерной точкой.

Измерение фазы принимаемого квазигармонического навигационного сигнала. В качестве принимаемого из канала связи сигнала $r(t)$, рассмотрим немодулированное $(A - const)$ несущее колебание $A\cos(2\pi f_c t)$, находящееся в аддитивной смеси с гауссовой помехой $n(t)$ со спектральной мощностью, равной N_0:

$$r(t) = A\cos(2\pi f_c t + \phi) + n(t),$$

где ϕ - неизвестная фаза. Определим максимально правдоподобную оценку $\phi \to \hat{\phi}_{M\Pi}$, которая максимизирует функцию правдоподобия

$$\Lambda_L(\phi) = \frac{2A}{N_0} \int_0^{T_0} r(t)\cos(2\pi f_c t + \phi)dt. \tag{36}$$

Необходимое условие для максимума (36)

$$\frac{d\Lambda_L(\phi)}{d\phi} = 0.$$

Это условие приводит к уравнению

$$\int_0^{T_0} r(t)\sin(2\pi f_c t + \hat{\phi}_{M\Pi})dt = 0 \tag{37}$$

откуда можно определить

$$\hat{\phi}_{M\Pi} = -arctg\left[\int_0^{T_0} r(t)\sin(2\pi f_c t)dt \Big/ \int_0^{T_0} r(t)\cos(2\pi f_c t)dt\right]. \tag{38}$$

На основе уравнения (37) можно построить следящую системы для получения оценки фазы, что показано на рис. 19, где ГУН – генератор, управляемый напряжением, выдающий гармоническое колебание с такой частотой и фазой, которые соответствуют уравнению (37). Петлевой фильтр состоит из интегратора, полоса пропуска которого пропорциональна обратной величине интервала интегрирования T_0.

С другой стороны, уравнение (38) можно представить в виде "непетлевой" реализацию оценки фазы – рис. 20, которая использует квадратурные несущие для измерения взаимной корреляции с $r(t)$. Эта схема оценки выдает $\hat{\phi}_{M\Pi}$ с неоднозначностью в π.

Петлевой фильтр, называемый в технике "следящий фильтр", реализуют в различных вариантах [8]. Следящая структура позволяет несколько расширить априорные ограничения, так например, такой фильтр может быть использован в случае переменной фазы ϕ .

Непетлевая ("разомкнутая") реализация алгоритма оценки фазы (рис. 20) получила название "квадратурный приемник".

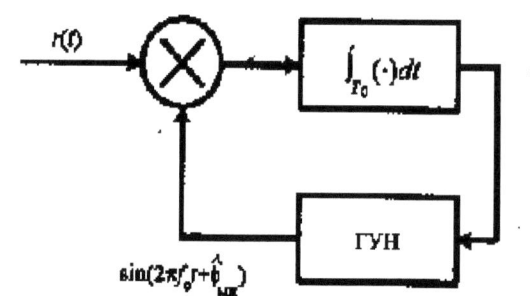

Рис. 19 Петлевой фильтр оценивания фазы

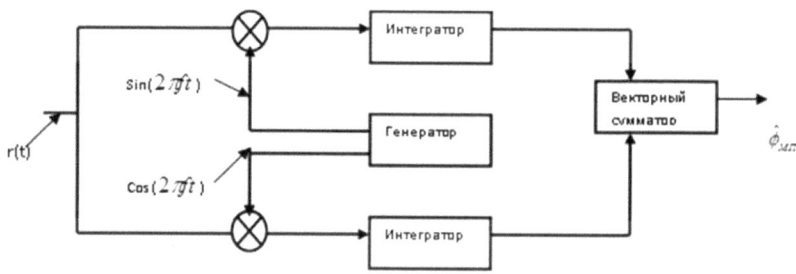

Рис. 20 Непетлевая ("разомкнутая") реализация фильтра оценивания фазы

1.4 Формирование и хранение шкал синхронизации [6].

Основные определения. Синхронизация – это процедура установления соответствия между характерными точками процессов, происходящих в различных точках пространства. Носителями сообщений синхронизации являются шкалы синхронизации – непрерывные последовательности импульсов определенного вида. Характерными точками в этом случае являются значения формы импульсов (например, точка наибольшей крутизны переднего фронта, точка равенства нулю первой производной огибающей формы импульса, точка равенства нулю второй производной огибающей формы импульса и т.п.).

В том случае, когда импульсы шкалы синхронизации оцифрованы параметрами времени, шкала синхронизации становится шкалой времени.

Радионавигационные приемники содержат шкалы синхронизации и в процессе работы осуществляется сведение шкал синхронизации (времени) местной, формируемой средствами подвижной связи, со шкалами синхронизации (времени), принимаемым.. Шкалы синхронизации в радионавигационных приемниках применяют для формирования опорных сигналов преобразователей частоты, опорных сигналов измерителей радионавигационных параметров, для формирования различных вспомогательных сигналов.

Формирование шкал осуществляют на основе сигналов опорных генераторов. Схема типичного формирователя шкалы синхронизации приведена на рис. 21.

Рис.21 Структурная схема формирователя шкалы синхронизации

Оценивают качество шкал синхронизации в относительных единицах

$$\delta_t = \frac{\Delta t}{T},$$

(39)

где Δt - флюктуации шкалы времени относительно "опорной", вызванные различными причинами (ошибки формирования, хранения и сведения шкал времени), T – интервал хранения шкалы времени.

Нестабильность шкал в основном определена нестабильностью опорных генераторов. Аналогично (39) оценивают качество опорных генераторов, используемых в формирователях шкал времени,

$$\delta_f = \frac{\Delta f}{f_0},$$

(40)

где Δf - изменения частоты под воздействием различных дестабилизирующих факторов, f_0 - средняя частота опорного генератора.

В качестве опорных генераторов могут могут быть использованы генераторы с различными частотнозадающими элементами. При этом, эти частотнозадающие элементы определяют стабильность генераторов.

Зависимость нестабильности генераторов от типа частотнозадающих цепей представлена в табл.1.

Характеристики сигналов опорных генераторов. Сигнал на выходе формирователя может быть представлен в виде:

$$s(t){=}E(t)sin(\omega_0 t{+}\varphi(t))),$$

где $E(t)$ – огибающая сигнала; ω_0 – угловая частота; $\varphi(t)$ – фаза.

Таблица 1.Характеристики сигналов опорных генераторов

Тип частотнозадающего элемента	Нестабильность генератора, δ_f, не лучше
R-C цепи	10^{-2}
L-C цепи	10^{-3}
Электромеханический резонатор	10^{-4}
Кварцевый резонатор	$10^{-6} - 10^{-14}$
Резонатор с цезиевым пучком	10^{-13}
Водородный мазер	10^{-14}
Метановая ячейка	10^{-11}

Мгновенное значение угловой частоты равно:

$$\omega(t) = \frac{\partial}{\partial t}[\omega_0 t + \varphi(t)] = \omega_0 + \dot{\varphi}(t)$$

Величина отклонения частоты, усредненная по некоторому временному интервалу τ, равна:

$$<\dot{\varphi}>_{t',\tau} = \frac{1}{\tau}\int_{t'-\tau/2}^{t'+\tau/2}\dot{\varphi}dt = \frac{\varphi(t'+\tau/2) - \varphi(t'-\tau/2)}{\tau} \quad,$$

где символ < > обозначает усреднение по конечному временному интервалу τ с центром в точке t'. Аналогично можно определить среднее значение фазы:

$$<\varphi>_{t',\tau} = \frac{1}{\tau}\int_{t'-\tau/2}^{t'+\tau/2}\varphi(t)dt.$$

Так как φ(t) является случайной величиной, то необходима мера, которая характеризует рассеяние фазы. Для этого вычисляют значение стандартного отклонения или величину дисперсии:

$$\sigma^2[\varphi] = \overline{\varphi^2} - (\overline{\varphi})^2 \quad ,$$

так как среднее значение равно нулю, то:

$$\sigma^2[<\dot\varphi>_{t,\tau}] = \overline{<\dot\varphi>_{t,\tau}^2} \quad .$$

Нестабильность частоты может быть выражена через автокорреляционную функцию или через спектральную плотность. Для описания свойств сигнала посредством спектральной плотности можно рассматривать полный спектр сигнала (часто называемый радиочастотным спектром), амплитудный спектр сигнала, спектральную плотность фазы, а также спектральную плотность частотных функций. Для описания колебаний опорных генераторов наиболее часто используется спектральные плотности фазы и спектральную плотность частотных функций.

Спектральная плотность случайного процесса определяется как преобразование Фурье автокорреляционной функции этого процесса [2]. Для фазы автокорреляционная функция равна:

$$R_\varphi(\tau) = \lim_{T\to\infty} \frac{1}{T} \int_{-T/2}^{T/2} \varphi(t + \tau/2)\varphi(t - \tau/2)dt \quad ,$$

откуда спектральная плотность фазы:

$$S_\varphi(\omega) = \int_{-\infty}^{\infty} R_\varphi(\tau)e^{-i\omega\tau}d\tau = \int_{0}^{\infty} R_\varphi(\tau)\cos\omega\tau d\tau \quad .$$

Обычно для сигналов, не ограниченных во времени, рассматривается спектральная плотность мощности (в ваттах на герц), а для сигналов, ограниченных по времени, - спектральная плотность энергии (в джоулях на герц). В случае стационарных процессов можно записать известные связи дисперсий со спектральными плотностями либо корреляционными функциями.

Нестабильность частоты может быть оценена спектральной плотностью мощности процесса нестабильности. Однако непосредственными измерениями оценить эту характеристику сложно, так как составляющие процесса малы по сравнению с мощностью основной частоты. Более доступными для измерения являются временные характеристики нестабильности частоты. В этом случае нестабильность определяется как усредненное во времени значение фазового сдвига колебаний испытуемого и эталонного генераторов, отнесенное к отрезку времени измерения и номинальному значению частоты. Стабильность эталонного генератора должна быть значительно выше, чем проверяемого, тогда измеренные нестабильности будут характеризовать главным образом проверяемый генератор. Когда нет возможности воспользоваться сигналами более стабильного источника, в качестве опорного и проверяемого применяют один и тот же тип генератора. В этом случае предполагают, что в обоих генераторах флуктуации частоты некоррелированы и имеют одинаковые статистические свойства. Вклад одного генератора определяют делением измеренных стандартных отклонений на $2^{1/2}$. Можно также оценивать нестабильность частоты отдельного генератора по отношению усредненных значений частоты двух других генераторов (или большего числа).

Условно флуктуации частот опорных генераторов можно разделить на следующие составляющие:

1) изменения частоты в виде случайных флуктуаций, обусловленные аддитивным шумом формирующих цепей, тепловым и дробовым шумом формирователя колебаний; эти флуктуации частоты вызывают "кратковременную" нестабильность;

2) квазидетерминированные периодические отклонения частоты, возникающие вследствие паразитной частотной модуляции сторонними процессами, например вследствие нестабильности источников питания, несовершенства термостата, наводок, вибрации, да-вления, воздействия различных полей и т.п.;

3) изменения частоты, вызываемые "уходами" или дрейфами в результате старения материала резонатора (их называют "долговременной" нестабильностью и оценивают относительным изменением частоты в минуту, час, сутки, месяц или год в зависимости от типа устройства или характера применения).

2. Определение местоположения ИРС на борту подвижного объекта

В разделе рассматривается метод определения местоположения источника излучения радиосигналов (ИРС) посредством одной ненаправленной антенны. В качестве такого источника можно рассматривать радиолокационную станцию (РЛС), радиомаяк, радиостанцию с известными параметрами излучаемого сигнала и т.п. источники радиосигналов. Рассматриваются алгоритмы определения координат источника радиоизлучения и основные факторы, определяющие погрешность измерения параметров.

2.1 Исходные посылки .

Определение местоположения ИРС на борту подвижного объекта разностно-дальномерным методом посредством одной ненаправленной антенны основано на измерении параметров принимаемого сигнала ИРС при движении измерителя ИРС по линейной траектории с постоянной скоростью. При этом измеритель должен иметь возможность измерять свое местоположение в точках отсчета и разность дальностей от точек отсчета до точки расположения ИРС. Разность дальностей может быть определена на основе измерения допплеровского смещения параметров принимаемого измерителем сигнала ИРС (смещения частоты несущего колебания или смещения частоты следования импульсов).

2.2 Пояснение принципа определения местоположения ИРС.

На рис.1 представлена траектория движения измерителя относительно ИРС.

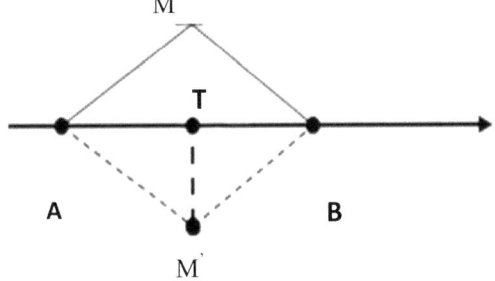

Рис.1 Траектория движения измерителя координат ИРИ

Местоположение ИРС обозначено точкой М. Точка Т на рис.1 – точка траверза, точка пересечения перпендикуляра, проведенного от точки М к линии движения измерителя координат ИРС. Если на рис.1 точки А и В являются точками отсчета, то разность дальностей ΔR от точек отсчета до точки расположения ИРС будет равна

$$\Delta R = \left| BM - AM \right| = \left| \int_{t_A}^{t_B} V_D dt \right|,$$

где V_D - радиальная составляющая скорости движения измерителя сигнала ИРС относительно точки $M, V_D = \pm \frac{c}{f} \Delta F$, c - скорость света, f - частота несущего колебания или частота следования импульсов, ΔF - частота допплеровского смещения; t_A, t_B - времена нахождения измерителя в точках A и B, соответственно.

В том случае, когда $\Delta R = 0$ линия гиперболы совпадает с перпендикуляром, проведенным из точки M к линии движения измерителя (сплошная линия на рис.1). Эта гипербола определяет линию положения точки излучения. Для определения местоположения ИРС необходимо иметь, как минимум, еще одну линию положения. Причем полученная линия положения соответствует условию расположения точки M и по другую сторону от линии движения - М` измерителя (пунктирная линия на рис.1). Поэтому необходимы дополнительные линии положения, позволяющие однозначно определить местоположение ИРС.

Далее для пояснения принципа определения местоположения ИРС будем определять разности дальностей для границ интервала измерения непосредственно измеряя эти разности дальностей. Для этого произведем следующие построения.

Обозначим дальность перемещения измерителя от пункта T символом d, расстояние TM через R, тогда дальность до границ измерительного отрезка трассы перемещения измерителя будет равна

$$r(d) = \sqrt{R^2 + d^2}$$

На рис.2 приведены функции $l(d) = d$ и $r(d)$ для изменений d от 0 до 70 условных единиц. На рисунке величина R принята равной 10 в условных единицах.

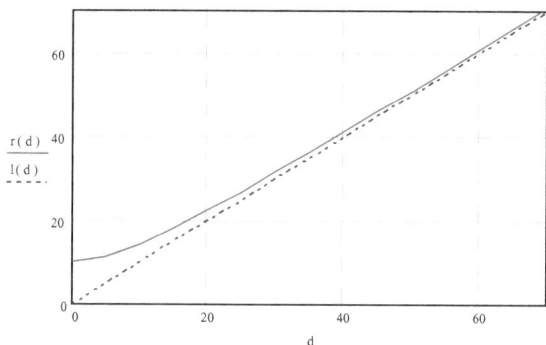

Рис.2 График зависимости $r(d)$ и $l(d)$

На основе графика рис.2 могут быть определены разности дальностей для границ интервалов работы измерителя местоположения ИРС. На рис.3 приведена иллюстрация движения измерителя относительно ИРС и обозначены два интервала измерения: *AB* и *CD*. На основе рис.2 можно определить ΔR для интервала AB - ΔR_{AB} и для интервала CD - ΔR_{CD} :

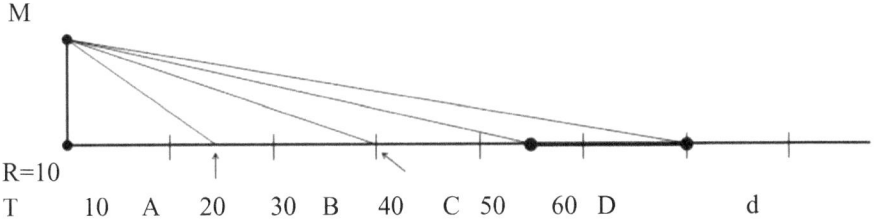

Рис.3 Иллюстрация движения измерителя местоположения ИРС

$$\Delta R_{AB} = r(30) - R(15) = 13.595 \tag{1}$$

$$\Delta R_{CD} = r(60) - r(45) = 14.73 \tag{2}$$

Построим гиперболу для интервала измерения *AB*.

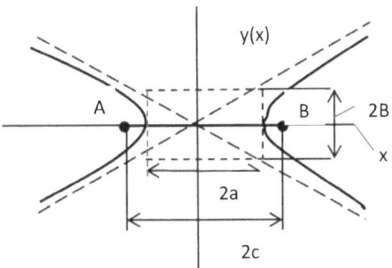

Рис.4 Основные параметры гиперболы

Уравнение гиперболы для интервала измерения AB (рис.3) в соответствии с обозначениями рис.4 имеет вид

$$\frac{x^2}{a^2} - \frac{y^2(x)}{b^2} = 1 \tag{3}$$

,

где $b = \sqrt{c^2 - a^2}$. Подставляя в (3) данные, соответствующие движению измерителя ИРС в интервалах *AB* и *CD*, и учитывая, что $x \equiv d$, получим выражения для левых ветвей гипербол y_{AB} и y_{CD}, соответствующих интервалам *AB* и *CD*:

$$y_{AB}(d) = \pm(3.169)\sqrt{\left[\frac{(d-22.5)^2}{46.206}\right]-1} \quad , \tag{4}$$

$$y_{CD}(d) = \pm(1.417)\sqrt{\left[\frac{(d-52.5)^2}{54.243}\right]-1} \quad , \tag{5}$$

где знак "+" соответствует гиперболе над осью *d*, а знак "-" - гиперболе под осью *d*. На рис.5 приведены левые ветви гипербол, описываемые уравнениями (4) и (5). Эти гиперболы пересекаются в месте предполагаемого размещения ИРС.

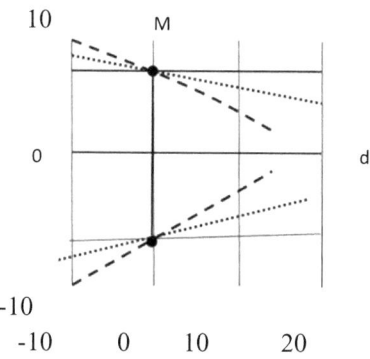

Рис.5 Левые ветви гипербол $y_{AB}(- - -)$ и $y_{CD}(\quad)$ вблизи точки нахождения ИРС истинной – М и ложной - M'

Определить какие ветви гипербол, левые или правые, соответствуют истинному положению ИРС можно по знаку допплеровского смещения: если допплеровское смещение отрицательное – измеритель удаляется от ИРС, и наоборот. Однако остается неопределенность - какая из точек пересечения гипербол истинная – над осью *d* или под осью *d*. Разрешить эту неопределенность можно посредством третьей гиперболы (рис.6), построенной при изменении направления движения измерителя на 900 по часовой стрелке.

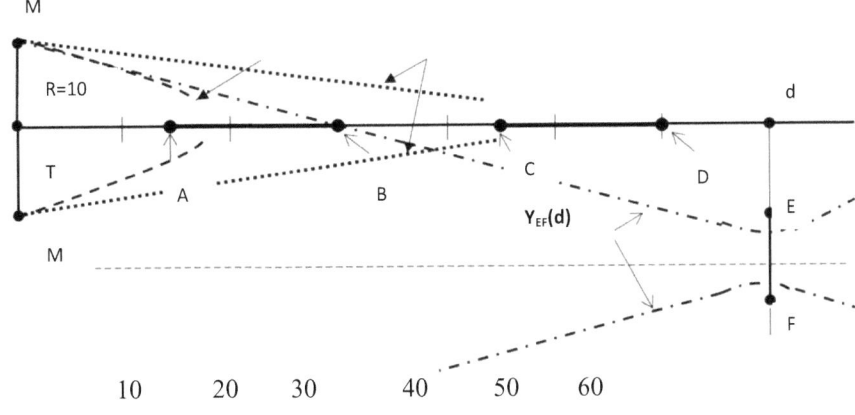

Рис.6   График с дополнительной   гиперболой   при изменении направления движения измерителя ИРС

Изменение направления движения ИРС на рис.6 выполнено, как показано на рис.6, спустя 10 условных единиц после интервала измерения *CD* и спустя 10 условных единиц длины трассы движения начаты измерения, длительность интервала измерения   равна 10 условным единицам. Гипербола для этого интервала построена аналогично тому, как были построены гиперболы для интервалов измерения AB и CD. Уравнение для третьей гиперболы имеет вид

$$y_{EF}(d) = \pm 6.828 \sqrt{\left[\frac{d^2}{9.629}\right] - 1}.$$

Из рис.6 видно, что третья гипербола исключает неоднозначность измерения положения ИРС, оставшуюся после предыдущих двух измерений. Однако   геометрический   фактор,   определяющий   точность   измерения местоположения   [2],   является   неудовлетворительным.   Очевидно,   что изменение направления движения на угол более 90^0 улучшит геометрический фактор.

Таким   образом,   знак   допплеровского   смещения   частоты   позволяет определить   необходимые   ветви   гипербол,   последовательные   измерения   при движении в одном направлении оставляют неопределенность в положении истинного местоположения ИРС (*M* или *M'*), а измерения при изменении направления движения позволяют исключить и эту неоднозначность.

2.3 Пример

Примем, в качестве иллюстрации метода, скорость движения самолета равной 700 км/час=0.192 км/с, частоту вращения антенны (12-25) об/мин и ширину луча в горизонтальной плоскости (0.6-2.4) градуса. Диапазон изменения длительности посылки пачки импульсов, принимаемых на борту самолета при этом будет находиться в рамках - $\tau_{II} \in [8.3 - 33]mc$. За это время самолет пролетает от 1.6м (при) до 6.3м (при). Это расстояние определяет "базу" измерения [1-3]. При такой базе погрешность измерения будет слишком велика [1-5]. С целью увеличения базы интервал между соседними отсчетами сигнала РЛС следует значительно увеличить, примем его равным периоду вращения антенны – (2.4-5.0) с. В дальнейшем эту величину будем считать равной $\tau_a = 5.0c$.

Сделанное выше предположение относительно интервала между соседними отсчетами сигнала РЛС можно считать допустимым при условии прогнозирования параметров РЛС на величину времени, равном паузе между соседними пачками импульсов. Возможность такого прогнозирования должна быть обеспечена знаниями характеристик нестабильностей опорного генератора РЛС [6].

С учетом вышесказанного, структуру метода определения местоположения РЛС можно иллюстрировать в виде рис.7, где координаты РЛС (x,y)=(0,Y0); X1, X2 – точки начала и окончания 1-го измерения; X3, X4 – точки начала и окончания второго измерения; I – интервал между соседними измерениями; ; I - длительности 1-го и 2-го измерений; $L1, L2, L3, L4$ - расстояния от точек началов и концов измерений до РЛС; Δ - приращение дальности до РЛС в конце интервалов измерений.

Точки $X1 - X2, X3 - X4$ - фокусы гипербол при первом и втором измерениях. С учетом описанного выше параметры гиперболической функции иллюстрированы на рис.8, где представлены как гиперболические функции, так и их асимптоты.

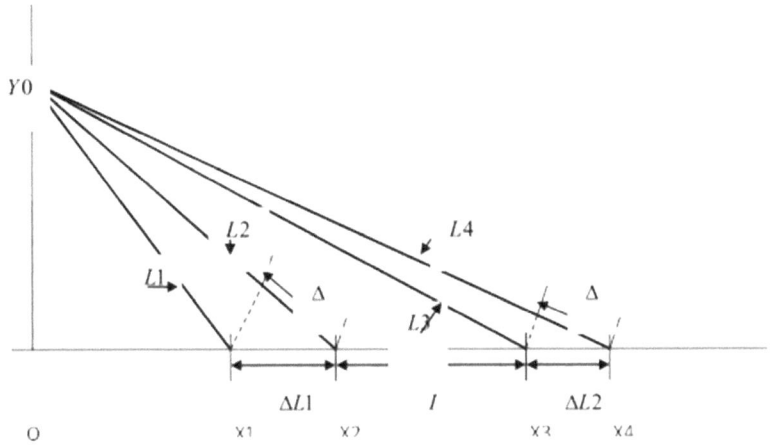

Рис.7 Иллюстрация принципа измерения местоположения РЛС

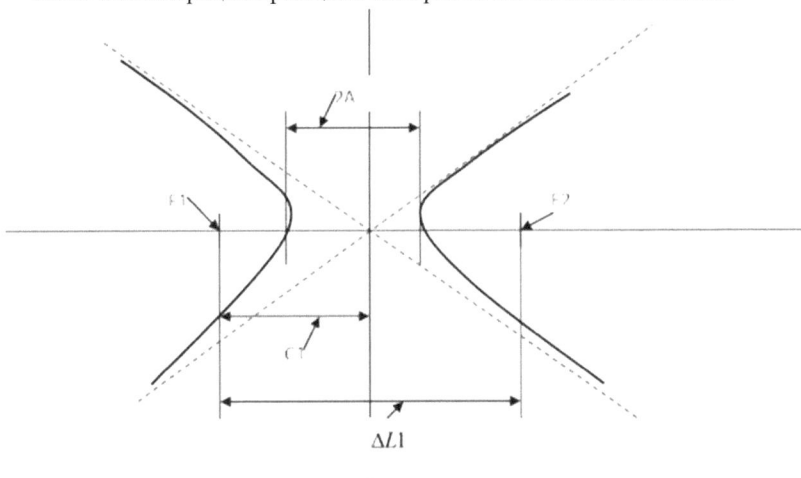

Рис. 8 Основные параметры гиперболической функции: F1, F2 – фокусы гиперболы; - расстояние между фокусами; 2A – расстояние между вершинами гиперболы; пунктирные линии – асимптоты гиперболы

2.3.1 Решение для случая двух гипербол

Здесь приведено решение системы двух гиперболических уравнений для исходных данных предыдущего раздела. Исходные данные для расчета следующие (все линейные размеры в километрах, время в секундах):

$Y0 = 50$; $OX1 = 50$; $v = 0.194$; $\tau_a = 5.0$; $I = 10$. (6)

Рассчитаем основные параметры для первой гиперболы:

$L1 = \sqrt{Y0^2 + OX1^2}$; $\Delta = v \cdot \tau_a$; $L2 = L1 + \Delta$; $\Delta L1 = \sqrt{L2^2 - Y0^2} - OX1$;

$OX2 = \sqrt{L2^2 - Y0^2}$;

$L1 = 70.711$; $\Delta = 0.97$; $L2 = 71.681$; $\Delta L1 = 1.363$; $OX2 = 51.363$;

Параметры для второй гиперболы:

$L3 = \sqrt{Y0^2 + (OX2 + I)^2}$; $L4 = L3 + \Delta$; ; $OX3 = OX2 + I$;

$\Delta L2 = \sqrt{L4^2 - Y0^2} - OX3$; $L3 = 79.154$; $L4 = 80.124$; $OX3 = 61.363$;

$\Delta L2 = 1.246$.

Определим базовые параметры для первой гиперболы (рис.2):

$A = \dfrac{\Delta}{2}$; $C1 = \dfrac{\Delta L1}{2}$; $B1 = \sqrt{C1^2 - A^2}$; $H1 = OX1 + \dfrac{\Delta L1}{2}$; $A = 0.485$; $C1 = 0.681$;

$B1 = 0.479$; $H1 = 50.681$.

Уравнение первой гиперболы - $y1(x) = B1 \dfrac{\sqrt{(x - H1)^2 - A^2}}{A}$. (7)

Определим базовые параметры для второй гиперболы (рис.2):

$C2 = \dfrac{\Delta L2}{2}$; $B2 = \sqrt{C2^2 - A^2}$; $H2 = OX3 + \dfrac{\Delta L2}{2}$; $C2 = 0.623$; $B2 = 0.391$; $H2 = 61.986$.

Уравнение второй гиперболы - $y2(x) = B2 \dfrac{\sqrt{(x - H2)^2 - A^2}}{A}$. (8)

Решение системы уравнений (7) и (8):

$\begin{cases} x = 0.462e - 11 \\ y = 50 \end{cases}$; соответствующие графики приведены на рис. 9-11.

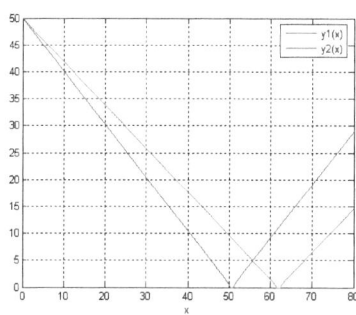

Рис.9 Вид гипербол для исходных данных (1)

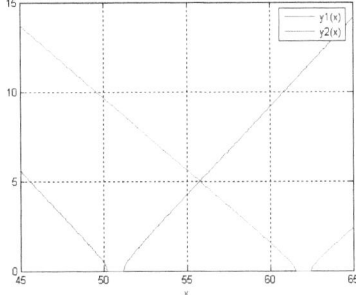

Рис.10 Формы гипербол вблизи фокусов

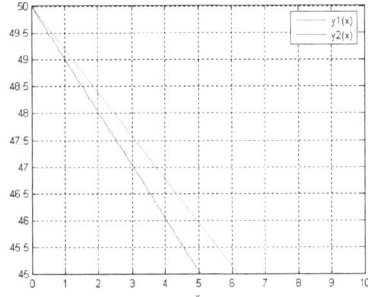

Рис.11 Вид гипербол вблизи пересечения ветвей

2.3.2 Решение для аппроксимирующих функций

Решение задачи оценки местоположения РЛС может быть выполнено посредством замены системы нелинейных (квадратических) уравнений на систему линейных уравнений, представляющих собой аппроксимацию гиперболических функций. Такая аппроксимация вполне уместна на дальностях от РЛС больших величины фокусного расстояния гипербол более, чем на порядок.

Расчет на основе аппроксимирующих функций может быть использован также для получении первоначального приближения при наличии последующего более точного расчета.

Решение системы аппроксимирующих функций

$$\begin{cases} y = B1\dfrac{x - H1}{A} \\ y = B2\dfrac{x - H2}{A} \end{cases}$$

для исходных данных (1) следующее:

$$\begin{cases} x = 0.422e - 2 \\ y = 49.998 \end{cases}$$

Для $a2 = 0.5$; $b2 = 0.4$ получим $y2(x) = \dfrac{b2}{a2} \cdot \sqrt{(x-3)^2 - a2^2}$; $y21(x) = \left| \dfrac{b2 \cdot (x-3)}{a2} \right|$.

Графики этих уравнений приведены на рис.12.

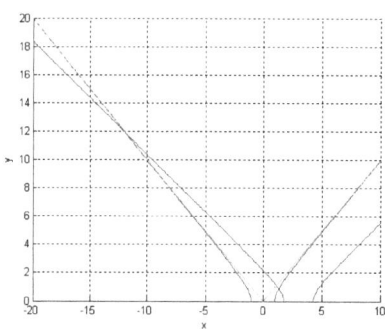

а)

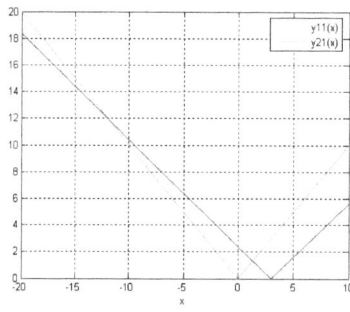

б)

Рис. 12 Пересечения двух гипербол $y1(x)$, $y2(x)$ — а) и двух аппроксимирующих функций $y11(x)$, $y21(x)$ — б)

Аналитические решения для аппроксимирующих функций
$$\begin{cases} y = \left|\dfrac{b1 \cdot x}{a1}\right| \\ y = \left|\dfrac{b2 \cdot (x-3)}{a2}\right| \end{cases},$$

соответствующих графикам рис. 9, следующие:
$$\begin{cases} x = -12 \\ y = 12 \end{cases}$$

.

2.3.3 Геометрический фактор используемого принципа определения местоположения РЛС

Весьма важной характеристикой точности определения местоположения является "геометрический фактор" [1-5]. Геометрический фактор определяет коэффициент увеличения погрешности определения местоположения по отношению к погрешности определения линии (линий) положения.

Ниже приведен расчет геометрического фактора для частного случая, лежащего в основе всех предыдущих расчетов.

Исходные данные те же, что и в п.2. Оценку геометрического фактора проведем для аппроксимирующих функций, так как они хорошо совпадают с гиперболами на удалении в несколько фокусных расстояний, $\varphi1 = \dfrac{B1}{A} = 0.987$; $\varphi2 = \dfrac{B2}{A} = 0.807$. Примем ошибку линии положения, равной Ξ , тогда ошибка определения местоположения будет равна $\Lambda = \dfrac{\Xi}{\sin(\frac{\varphi1 - \varphi2}{2})}$. Так для ошибки линии положения, например, равной $\Xi = 0.05$, получим ошибку определения местоположения РЛС, равную $\Lambda = 0.556$.

Из расчета следует, что геометрический фактор увеличивает ошибку определения местоположения по отношению к погрешности линии положения более, чем в 10 раз. Причем при дальнейшем движении по такой же траектории коэффициент увеличения ошибки буде возрастать, так как угол пересечения гипербол будет уменьшаться.

Один из вариантов снижения ошибки определения местоположения является изменение траектории движения самолета между соседними парными измерениями на 90 градусов.

Требования к точности синхронизации. Рассмотренный принцип измерения местоположения РЛС использует две шкалы синхронизации: одна шкала определяет режим излучения РЛС (периодичность следования зондирующих импульсов), вторая – шкала синхронизации бортовых измерений.

Погрешностью второй шкалы можно пренебречь, если она сформирована, например, на основе сигналов GPS или других источников вторичного эталона времени (Чайка/Лоран или другие подобные).

В этом случае возникает задача прогнозирования шкалы синхронизации РЛС на борту самолета. При этом периодически принимаемый сигнал РЛС позволит периодически уточнять модель прогнозирования на следующий этап "неприема" сигналов РЛС.

Такой алгоритм прогнозирования может быть разработан, если известен тип опорного генератора РЛС, его долговременные и кратковременные характеристики (модель нестабильности этого генератора) [6].

2.3.4 Заключение

Для повышения точности измерений местоположения РЛС интервал между соседними измерениями следует существенно увеличить. Расширение интервала измерений целесообразно осуществлять на основе прогнозирования параметров излучения РЛС в паузах между интервалами приема сигналов РЛС.

Геометрический фактор системы является существенным источником дополнительной погрешности. Изменение траектории движения самолета является одним решений задачи уменьшения этой погрешности.

3. Определение местоположения судов в устьях рек и прибрежных зонах

Проблема является актуальной в силу следующих соображений:

- фарватер движения судов в устьях рек, как правило, так узок, что отклонения от него приводят к авариям (повреждение судна, нарушение работоспособности мостов, при их наличии, из-за столкновения с ним судна);

- в случае аварий необходимо достоверно знать траекторию движения, для того чтобы установить причину аварии; этой информацией должен обеспечить диспетчер зоны движения судов;

- погодные условия не всегда позволяют совершать проводку без технических средств;

- в процессе проводки судна довольно активно используется канал радиосвязи (связь с диспетчером, связь с идущими впереди и позади судами); случается, что в силу некоторых причин, радиостанция судна остается в режиме передачи; диапазон связи оказывается заблокированным; необходимы технические средства, позволяющие определить местонахождения такой радиостанции и вывести ее из режима непрерывной передачи.

В качестве физической модели рассматривается конкретная система – система обеспечения проводки судов в разводку Санкт-Петербургских мостов (Россия). Такая система особенно стала необходимой в связи с возрастающей интенсивностью движением судов.

Аналогичная проблема проводки судов существует более, чем в 10 устьях рек на территории России, а также в зонах портов и прибрежного мореплавания.

В процессе проводки суда в пределах городской черты не могут применять радиолокационную технику. Кроме того, правильность прохождения судов должна быть проконтролирована службой диспетчерского управления проводки судов. В том случае, когда на судах имеются технические средства определения местоположения (например, GPS), далеко не все суда оборудованы средствами передачи координат местоположения на диспетчерский пункт по его запросу. Такое оснащение определяется правилами судоходства для судов определенного водоизмещения. В тоже время все суда оборудованы средствами радиосвязи в выделенном для судов диапазоне радиочастот. Это позволяет строить системы определения траектории движения судов, основываясь на сигналах радиостанций судов. Существующая структура организации связи позволяет создать, при определенной доработке технических средств наземного базирования, систему определения местоположения судов и их идентификации.

3.1 Структура системы.

Данная система имеет следующие компоненты: контрольные пункты (КП), расположенные на мостах (в подмостных помещениях) и обеспеченные аппаратурой приема радиосигналов судов (объектов - ОБ), средствами выделения из принятых сигналов параметров - признаков для идентификации и переизлучаемых в центр управления (ЦУ) процессов для определения навигационных параметров и идентификации радиостанций (судов). Центр управления расположен в месте пересечения ул. Войного и Чернышевской. ЦУ имеет вычислительные средства и средства радиосвязи в диапазоне работы судовых радиостанций и линии проводной и радиосвязи с КП. На рис.1 КПi соответствует мосту "Большеохтинский", а КПi+1 – мосту "Литейный".

В режиме ожидания проводки суда (объекты) выстраиваются у причалов: "Устье р. Славянка" и "Набережная лейтенанта Шмидта". Диспетчер поддерживает служебную радиосвязь с ОБ. Это делает возможным проводить в процессе радиообмена "обучение" алгоритмов идентификации. В процессе непосредственного движения (проводки) суда осуществляют радиообмен между собой, кроме того, выход в эфир может быть инициирован диспетчером.

Это позволяет решать задачу определения местоположения и идентификации источника излучения. Количество признаков у сигналов может быть значительным. Кроме того, современные вычислительные средства позволяют производить вычисления по выбранным признакам, как в отдельности, так и в их совокупности. К настоящему времени разработан широкий спектр программ и они могут быть успешно решены на основе средств вычислительной техники ЦУ. При этом достаточно радиоканала ОБ-ЦУ и нет необходимости передавать данные для идентификации радиостанций (судов) через КП. В качестве параметров, используемых для идентификации радиостанций, можно принять девиацию частоты - 0, среднюю частоту - $\Delta\omega_0$, параметры модели кратковременной нестабильности средних частот сигналов - $\psi_1, \psi_2, ... \psi_m$.

Определение навигационных параметров можно осуществлять на основе измерений направлений прихода сигнала (угломерные системы), либо на основе измерений разностей прихода сигнала на различные КП (разностно-дальномерные и разностно-фазовые системы). Угломерные в диапазоне метровых волн в условиях города приводят к большим ошибкам. Более целесообразно ориентироваться на разностные системы. Разностно-фазовые приводят к многозначности и, кроме того, ширина дорожки весьма узкая. Целесообразно рассмотреть возможность применения в качестве носителя навигационного параметра сигнала речи – a(t). Причем целесообразно рассмотреть клиппированный сигнал речи – a(t). Клиппированный сигнал удобнее использовать для передачи по телеметрическому каналу связи КП-ЦУ.

Для снижения влияния условий распространения на точность определения в рассматриваемой системе в КП (рис.1) могут быть применены направленные антенны. Такие антенны значительно уменьшают влияние отраженных от зданий и береговой черты (набережной) сигналов на суммарное поле в месте приема.

Характеристики системы определения местоположения судов. Анализ различных систем и условий определения местоположения источника радиоизлучения позволяет сузить число возможных вариантов построения систем и ограничиться в дальнейшем рассмотрением пеленгаторных и разностно-дальномерных устройств в виде, соответственно, определения направления относительно определяемого объекта в точке расположения пеленгатора (КП) и определения разности дальностей относительно двух разнесенных станций.

Преимущества пеленгаторного варианта построения системы состоят в простоте технической реализации.

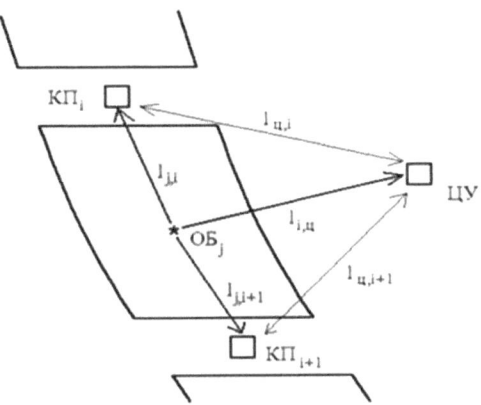

Рис.1. Схема расположения пунктов системы.

К числу недостатков пеленгаторов относится сравнительно невысокая точность измерений, составляющая для УКВ-пеленгаторов величину по среднеквадратической погрешности (СКП) порядка 3^0 с возможностью существенного ухудшения этой точности за счет индустриальных и прочих помех, свойственных жизнедеятельности большого города. В конечном итоге это может привести к снижению точности определения местоположения. Известно также, что для угломерных методов СКП δ_t смещения линии положения в пространстве составляют вел

$$\delta_t = D\delta_\alpha , \qquad\qquad\qquad (1)$$

где δ_α - СКП измерения направления, D – удаление пеленгатора от подвижного объекта.

Поэтому для пеленгаторов точность определения местоположения будет ухудшаться с взаимным удалением пеленгатора и подвижного объекта.

При $\delta_\alpha \cong 3°$ $\delta_t = 0{,}05D$. Таким образом, на каждые 100м удаления увеличение СКП смещения линии положения составляет 5м.

Преимуществом разностно-дальномерных средств является принципиальная возможность получения более высокой точности определения местоположения за счет использования фазовых и корреляционных методов измерения навигационных параметров, хотя по своим геометрическим характеристикам, особенно при значительном удалении пеленгатора и подвижного объекта, разностно-дальномерный метод близок к угломерному.

Недостатком разностно-дальномерного метода являются: необходимость прецизионной синхронизации станций, входящих в разностно-дальномерную систему; необходимость разрешения неоднозначности при использовании фазовых измерений; потребность для определения местоположения в использовании трех приемных станций и т.д.

Для разностно-дальномерного метода СКП смещение линии положения составляет величину:

$$\delta_D = \frac{\delta_{Dp}}{2\sin(\psi/2)} = \frac{c\delta_\tau}{2\sin(\psi/2)}, \qquad (2)$$

где δ_{Dp}, δ_τ - соответственно, СКП измерения разности дальностей и задержки сигналов; ψ - угол, под которым виден отрезок, соединяющий приемные станции (база) из места расположения подвижного объекта.

Из соотношения (2) видно, что наилучшие условия для определения местоположения возникают при $\psi = 180°$, что соответствует нахождению подвижного объекта на линии, соединяющей приемные станции. В этом случае:

$$\delta_D = \frac{\delta_{Dp}}{2} = \frac{c\delta_\tau}{2},$$

что по форме соответствует дальномерному методу и независимости D от расстояния между станциями.

С учетом характера рассматриваемой рабочей зоны в виде акватории р. Нева в черте города, целесообразно размещение соответствующих измерительных средств на мостах. Такое расположение обеспечивает удобство передачи информации в центральный пункт управления в связи с существующим размещением в подмостных помещениях аппаратуры для связи с центром управления. Очевидное преимущество такого расположения состоит и в том, что в большинстве случаев трасса распространения сигнала пролегает над водной поверхностью в пределах прямой видимости, что создает более благоприятные условия для проведения измерений.

На рис.2 изображена акватория р. Нева в черте города с указанием мест размещения остов. Участки акватории, размещенные между мостами, пронумерованы. Рассмотрение их особенностей позволяет объединить их в две группы. К первой группе относятся участки 2, 3, 7, 9, для которых характерно их ограничение двумя мостами с их взаимным размещением в пределах прямой видимости. Две приемные станции для этих участков могут быть расположены на мостах, а при необходимости размещения третьей станции, она может быть расположена на набережной. К рассматриваемой группе примыкают и участки акватории, соответственно в верхнем и нижнем течении р. Нева в городской черте, с номерами 1, 8 и 10 с размещением одной из станций на мосту, второй станции в дальней, относительно моста, точке рабочей зоны на набережной (квазимостовое размещение приемной станции) и при необходимости размещения третьей станции, для нее может быть выбрано место на набережной, противоположной месту размещения второй станции, в средней части рабочей зоны.

Очевидно, что для всех участков первой группы, геометрические характеристики взаимного расположения станций, а, следовательно, и достигаемые точностные характеристики определения местоположения будут

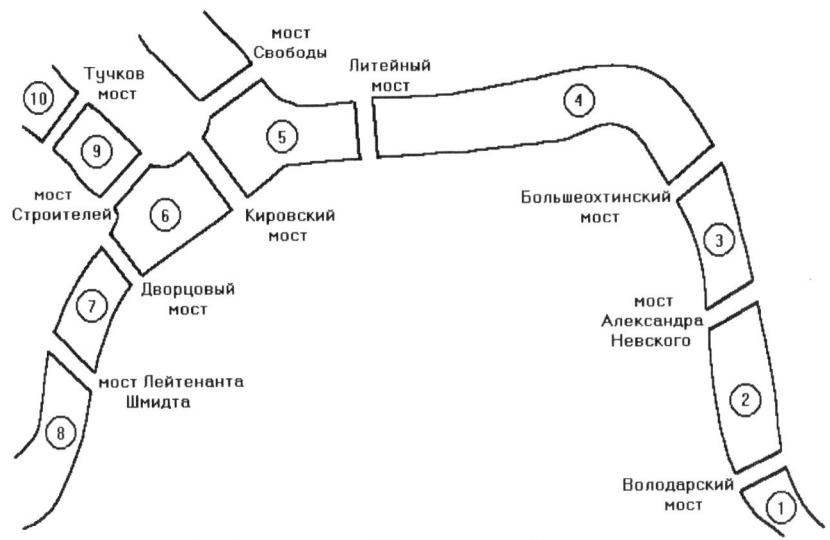

Рис.2 Акватория р. Нева в городской черте.

близкими.

Ко второй группе относятся участки 5 и 6, ограниченные тремя мостами с возможностью размещения на них трех станций, и участок с номером 4, для которого характерно изменение направления течения р. Нева на этом участке и отсутствие прямой видимости станций, расположенных на мостах.

Определение местоположения на плоскости, характерное для рассматриваемого класса подвижных объектов, требует проведения двух независимых измерений, каждому из которых соответствует своя линия положения.

В этом случае СКП определения местоположения объекта определяется соотношением:

$$\delta_r = \frac{\sqrt{\delta_{t1}^2 + \delta_{t2}^2}}{\sin\theta}, \tag{3}$$

где δ_{t1} и δ_{t2} – СКП линий положения; θ - угол между касательными к линиям положения в точке их пересечения.

Очевидный и известный факт заключается в том, что при ортогональном θ=90°) пересечении линий положения достигается наименьшее из возможных значений δ_r, равное при $\delta_{t1} = \delta_{t2} = \delta_t$ величине $\delta_t \sqrt{2}$, а при θ = 0°, т. е. При коллинеарности линий положения уверенное определение местоположения становится невозможным.

В качестве возможных комбинаций навигационных измерений, могут выступать следующие совокупности:

1. Фарватер, играющий роль псевдоизмерения, при условии удержания судна на нем и измерение пеленга;

2. Фарватер и измерение разности дальностей;

3. Измерение двух пеленгов;

4. Измерение двух разностей дальностей;

5. Измерение пеленга и разности дальностей;

Рассмотрим, какими возможностями обладают указанные комбинации отдельно для двух групп участков акватории р. Нева.

Анализ точности определения местоположения на участках акватории Невы первой группы.

3.2 Фарватер и измерение пеленга.

В этом случае:

$$\delta_r = \frac{\sqrt{\delta_a^2 + D^2 \delta_\alpha^2}}{\sin \theta} \, , \tag{4}$$

где δ_a и δ_α - соответственно, СКП удержания судна на фарватере и измерения пеленга.

При расположении пеленгаторов на мостах в подавляющем большинстве случаев угол близок к 0, что приводит к практической невозможности приемлемой точности навигационного определения.

Несколько лучшие условия возникают при расположении пеленгатора на набережной, например, в среднем положении относительно двух мостов, ограничивающих обслуживаемую пеленгатором зону. В этом случае на траверзе пеленгатора θ = 90° и в соответствии с (4):

$$\delta_r = \sqrt{\delta_a^2 + D^2 \delta_\alpha^2}$$

Пусть $\delta_a = 10$м, $\delta_\alpha = 3° \approx 0.05$рад, D = 200м. Тогда $\delta_r = 14$м.

В тоже время отметим, что на краях обслуживаемой зоны, т.е. вблизи мостов, при D = 2000м и (далеко не худшая геометрия из возможных) δ_r = 2000м, что характеризует резкое ухудшение точности на краях рабочей зоны, где, в связи с приближением к мостам, целесообразно наоборот повышать точность местоопределения. С учетом отмеченных особенностей и ряда недостатков, присущих расположению пеленгаторов на набережных, этот вариант построения системы следует считать неприемлемым.

3.3 Фарватер и измерение разности дальностей.

Из (3) и (2) следует, что в этом случае:

$$\delta_r = \frac{\sqrt{\dfrac{\delta_a^2 + \delta_{Dp}^2}{4\sin^2(\psi/2)}}}{\sin\theta}$$

Для этой комбинации измерений очевидным является расположение приемных станций на мостах. Тогда $\psi \approx 180°$ и в силу близости к ортогональности фарватера и линии положения, свойственной разностно-дальномерному методу, $\theta \approx 90°$. С учетом этого:

$$\delta_r = \sqrt{\delta_a^2 + \frac{\delta_{Dp}^2}{4}}$$

При $\delta_a \approx 10м, \delta_{Dp} \approx 1м, \delta_r \approx 10м$, т.е. соответствует практически точности удержания судна на фарватере. При этом δ_r практически не зависит от расположения судна в рабочей зоне. С учетом этого, рассматриваемый вариант является предпочтительным. Его естественным недостатком является использование в качестве одной из линий положения фарватера с необходимостью удержания судна на нем. В случае схода судна с фарватера, указанная система оказывается неработоспособной.

3.4 Измерение двух пеленгов.

В этом случае, как следует из (3) и (1):

$$\delta_r = \frac{\sqrt{D_1^2 \delta_{\alpha 1}^2 + D_2^2 \delta_{\alpha 2}^2}}{\sin\theta} \quad ,$$

где D1 и D2 – расстояния от пеленгаторов до судна; $\delta_{\alpha 1}$ и $\delta_{\alpha 2}$ – СКП измерения пеленга.

Можно полагать, что $\delta_{\alpha 1} \approx \delta_{\alpha 2} \approx \delta_\alpha$. Тогда:

$$\delta_r = \frac{\delta_\alpha}{\sin\theta} \sqrt{D_1^2 + D_2^2}$$

При расположении пеленгаторов на мостах, угол θ близок к 0, что сопровождается резким увеличением δ_r и, следовательно, характеризует неприемлемость этой комбинации навигационных измерений. В случае расположения одного из пеленгаторов на набережной на траверзе этого пеленгатора, $\theta \approx 90°$ и поэтому:

$$\delta_r = \delta_\alpha D_{12} \quad ,$$

где $D12$ – удаление пеленгаторов.

При $\delta_\alpha = 3° \approx 0.05\,\text{рад}, D_{12} = 2000\,\text{м}, \delta_к = 100\,\text{м}$.

Таким образом, даже в наиболее благоприятном по геометрии случае, точность определения местоположения оказывается довольно низкой. Вблизи мостов угол θ близок к 0, что указывает на резкое ухудшение точности на краях рабочей зоны. С учетом изложенных точностных особенностей рассматриваемой комбинации навигационных измерений, а также отмеченной ранее нецелесообразности размещения измерительных средств на набережной, метод двух пеленгов следует считать неприемлемым.

3.5 Измерение двух разностей дальностей.

В этом случае, как следует из (3) и (2):

$$\delta_r = \frac{\sqrt{\dfrac{\delta_{Dp1}^2}{4\sin^2(\psi_1/2)} + \dfrac{\delta_{Dp2}^2}{4\sin^2(\psi_2/2)}}}{\sin\theta} \quad , \qquad (5)$$

где δ_{Dp1} и δ_{Dp2} – СКП измерения разности дальностей между параметрами станций; ψ_1 и ψ_2 – углы, характеризующие взаимное расположение пар станций и определяемого судна.

Для рассматриваемой рабочей зоны в виде акватории р. Нева между мостами станции могут быть расположены на мостах 1 и 2 и набережной 3 (рис.3). Представим (5) в следующем виде:

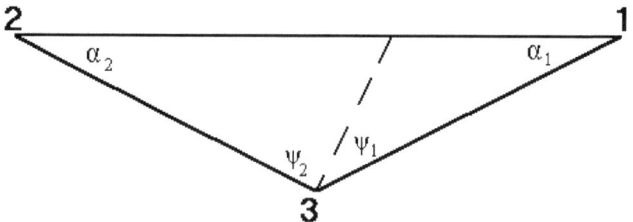

Рис.3   **Геометрия разностно-дальномерной системы.**

$$\delta_r = \frac{\delta_{Dp}}{2} \frac{\sqrt{\sin^2(\psi_1/2) + \sin^2(\psi_2/2)}}{\sin\left(\frac{\psi_1 + \psi_2}{2}\right)\sin(\psi_1/2)\sin(\psi_2/2)} \qquad (6)$$

Из рис.3 следует, что угол $\psi_1 + \psi_2$ близок к $180°$. При этом при движении судна от станции 1 к станции 2 угол ψ_1 увеличивается от $0°$ (ψ_2 близок к $180°$)θ, при переходе под станцией 1 до значения близкого к $90°$ на траверзе станции 3, и до значения близкого к $180°$ (ψ_2 близок к $0°$), при проходе под станцией 2. Близость к указанным значениям обеспечивается с точностью, равной значениям углов ψ_1 и ψ_2, которые составляют по величине несколько градусов.

Из такого характера изменения углов ψ_1 и ψ_2 выражения (6) следует, что на траверзе станции 3 достигается наивысшая точность δ_r, близкая к значению δ_{Dp} с увеличением δ_r при расположении судна вблизи мостов до аномально больших значений.

С учетом оптимального характера изменения точности по рабочей зоне и необходимости размещения третьей станции на набережной, этот вариант навигационного обеспечения следует считать неприемлемым.

3.6 Измерение пеленга и разности дальностей.

Такая совокупность измеряемых навигационных параметров может быть обеспечена с использованием комплексной приемной станции, которая представляет собой пеленгатор, модифицированный для измерения фазовой (временной) задержки сигнала. В этом случае для полного навигационного определения достаточным является использование двух станций, размещенных на мостах. Положительной особенностью рассматриваемой совокупности навигационных измерений является то, что линии положения, соответствующие измерению пеленга и разности дальностей всегда будут ортогональными, что исключает ситуации, когда навигационное определение оказывается невозможным и делает распределение погрешностей по рабочей зоне более равномерным.

С учетом (1), (2) и (3) для рассматриваемой совокупности навигационных измерений:

$$\delta_r = \frac{\sqrt{D^2\delta_\alpha^2 + \dfrac{\delta_{Dp}^2}{4\sin^2(\psi/2)}}}{\sin\theta}.$$

Так как $\theta = 90°$ и $\psi = 180°$, то

$$\delta_r = \sqrt{D^2\delta_\alpha^2 + \frac{\delta_{Dp}^2}{4}}$$

Из этого соотношения в силу $D^2\delta_\alpha^2 \to \dfrac{\delta_{Dp}^2}{4}$ видно, что

$$\delta_r \approx D\delta_\alpha \qquad\qquad\qquad (7)$$

При $\delta_\alpha \approx 3°, \delta_r \approx 0.05D$. Так как значение δ_r прямо пропорционально расстоянию от станции до судна, то, очевидно, что при навигационных определениях необходимо пользоваться измерениями ближайшего к судну пеленгатора. Очевидно, также, что при приближении судна к мосту точность его местоопределения повышается. Так при D = 500м, δ_r = 25м, а при D = 50м, δ_r = 2.5м.

В принципиальном плане второе измерение пеленга более удаленной станцией может быть использовано для повышения точности измерений. Однако второе измерение дает менее точный результат местоопределения, поэтому в итоге использование избыточного измерения может и не привести к желаемому результату. Рассмотрим этот вопрос более подробно.

Пусть δ_r и δ_r – соответственно СКП, обеспечиваемые первым и вторым пеленгаторами. Тогда с учетом (7):

$$\delta_r \approx \frac{\sqrt{D_1^2\delta_{\alpha1}^2 + D_2^2\delta_{\alpha2}^2}}{\sqrt{2}} \qquad\qquad (8)$$

Пусть $\delta_{\alpha1} = \delta_\alpha$, а $D_1 = \beta D$ $\quad D_2 = (1-\beta)D$,

где D – расстояние между мостами, β - коэффициент, принимающий значения от 0 до 1 и характеризующий удаление судна от мостов. При $\beta = 0$ судно находится вблизи первой станции, а при $\beta = 1$ – вблизи второй.

Тогда при $\delta_{\alpha1} = \delta_{\alpha2}$ выражение (8) примет вид

$$\delta_r = \frac{\delta_\alpha D}{\sqrt{2}}\sqrt{\beta^2 + (1-\beta)^2}$$

При $\beta = 0$ и $\beta = 1$, т.е. вблизи мостов:

$$\delta_r = \frac{\delta_\alpha D}{\sqrt{2}}$$

что говорит о существенно худшей точности, чем в случае использования одного пеленга.

При β = 0, т.е. при нахождении судна в середине рабочей зоны,

$$\delta_r \approx (\delta_D D)/2 \ ,$$

что соответствует по величине случаю использования одного измерения. Таким образом, использование измерений пеленга дальней станцией оказывается нецелесообразным.

Анализ точности определения местоположения на участках акватории Невы второй группы. Для участков 5 и 6 характерна их ограниченность тремя мостами с возможностью расположения на них трех приемных станций и, следовательно, реализация в полном объеме разностно-дальномерной системы. Учитывая, что для совокупности измерений разность дальностей – пеленг, точность, соответствующая измерениям пеленга, характерна для практически всей рабочей зоны, будем рассматривать для этих участков только разностно-дальномерную систему, предполагая, что с целью унификации аппаратных средств системы и на этих участках могут устанавливаться комплексные приемные станции.

Для участка 4 характерно изменение течения р. Нева практически на 90^0 с отсутствием прямой видимости между приемными станциями. В этом случае трасса распространения сигнала проходит через кварталы застройки, что может привести к увеличению погрешности измерений. Для этого участка целесообразно рассматривать вариант оснащения, в котором две приемные станции расположены на мостах, а третья на набережной.

Участок течения р. Нева №4. Расположение трех станций на этом участке указанным выше образом: две станции на мостах Кировском и Большеохтинском, а третья, например, на Свердловской набережной в районе выхода на набережную Пискаревского проспекта, по существу, позволяет рассматривать этот участок как два, каждый из которых обслуживается комплексной приемной станцией на мосту и на набережной с определенным местоположением судна по измерениям пеленга и разности дальностей от судна до этих станций.

Подобный случай рассматривался в предыдущем подразделе, поэтому все выводы, полученные ранее для участков 1, 2, 3, 7, 8, 9 и 10 справедливы и для подучастков участка 4.

Участок течения р. Нева №5. Геометрические характеристики этого участка приведены на рис.4.

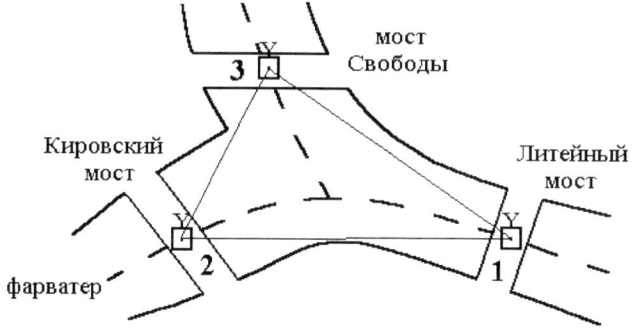

Рис.4 Геометрические характеристики участка № 5.

Линия, соединяющая станции 1 и 2 практически совпадают с фарватером, поэтому угол $\psi_1 \approx 180°$. Угол ψ_2 при прохождении судна по фарватеру меняет свое значение от 60° до 180°.   Для разностно-дальномерной системы характерным является соотношение (6). Подставляя в это выражение $\psi_{1,}$, получим:

$$\delta_r = \delta_{Dp} \frac{\sqrt{1 + \sin^2(\psi_2/2)}}{\sin \psi_2}.$$

(9)

Для $\psi_2 = 60°$ $\delta_r = 1.3\delta_{Dp}$, а для $\psi_2 = 90°$, что соответствует нахождению судна примерно в 1/3 расстояния от Литейного моста $\delta_r = 1.2\delta_{Dp}$. Как

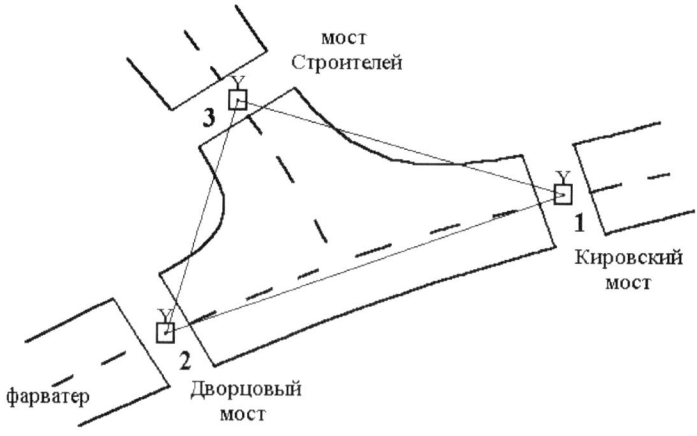

Рис.5 Геометрические характеристики участка № 6.

очевидно из (9) при приближении ψ_2 к 180°, $\delta \to \infty$.. Для исключения возникающих в этом случае особенностей целесообразен следующий режим навигационных измерений: при нахождении судна в первой половине пути между мостами определение положения судна производится по измерениям разностей дальностей ΔD_{12} и ΔD_{23}, а при нахождении судна во второй половине пути – по измерениям ΔD_{12} и ΔD_{12}. С учетом изложенного, можно предположить, что δ_r не превысит величины $1.5\delta_{Dp}$, что при δ_{Dp}, соответствующей единицам метров, приведет к сопоставимой с указанными величинами точности определения местоположения.

Участок течения р. Нева №6. Геометрические характеристики этого участка приведены на рис.5, как и в предыдущем случае, $\psi \approx 180°$. Угол ψ_2 меняет свое значение от 20° до 180°. Из (7) следует, что при $\psi_2 = 20°$ $\delta_r \approx 1.5\delta_{Dp}$. Для исключения потери точности при приближении судна к Дворцовому мосту, как и для участка №5, целесообразен переход от измерений ΔD_{12} и ΔD_{23} к измерениям ΔD_{12} и ΔD_{13}. В этом случае δ_r не превысит, как и в предыдущем случае, значения $1.5\delta_{Dp}$.

3.7 Синхронизация пунктов системы.

Для решения задачи синхронизации наиболее удобно и экономически выгодно использовать уже существующие электромагнитные поля других радиотехнических систем, сигналы которых удовлетворяют требованиям по мощности излучений (отношение сигнал/шум). Примером таких полей могут служить сигналы телевидения и радиовещания, сигналы навигационных систем, включая GPS Glonas либо Navstar.

Выбор переносчика информации в любой информационной системе определяется, прежде всего, степенью искажения информации. Искажения информации в основном определяются: действием помех, случайными изменениями условий распространения (температура, влажность и плотность атмосферы, изменения состояния поверхности Земли и т.п.) и неидеальностью РЭА (случайные отклонения и изменения параметров и характеристик). Действие каждой из указанных причин искажений информации зависит от принципа действия системы, используемых частот, а также от того, в каком параметре радиосигнала содержится информация.

При прочих равных условиях наиболее сильно сообщения искажаются при амплитудной модуляции, при фазовой – несколько меньше и наименьшие искажения сообщения помехами могут быть при частотной модуляции.

3.8 Заключение

В основу системы определения местоположения судов в акватории р. Нева в городской черте по соображениям обеспечения благоприятных условий для распространения сигналов, приемлемой точности местоопределения, унификации и удешевления аппаратуры, целесообразно положить принцип пеленгаторно-разностно-дальномерных измерений с расположением соответствующих приемных станций на мостах.

При обеспечении удержания судна на фарватере точность фарватерно-разностно-дальномерной системы соответствует точности удержания судна на фарватере с возможностью удешевления системы за счет использования фарватера как линии положения.

Для участков р. Нева между Дворцовым и Кировским, Кировским и Литейным мостами при использовании разностно-дальномерной системы с расположением третьей станции, соответственно, на мосту Строителей и Свободы достижима точность местоопределения по среднеквадратической погрешности порядка единиц метров практически во всех точках акватории внутри рассматриваемых участков.

Для остальных участков р. Нева по условиям размещения на мостах только двух станций, целесообразно использование аппаратных средств в виде комплексной пеленгаторно-разностно-дальномерной системы с достижением среднеквадратической погрешности в областях, примыкающих к мостам, порядка единиц метров, а в средней части – десятков метров.

Общее число станций для обслуживания акватории р. Нева в городской черте равно 19, а при обеспечении возможности работы одной станции в интересах обслуживания примыкающих к мосту двух участков – 12.

4. Определение местоположения радиомаяков, установленных на подвижных средствах

4.1 Исходные посылки

В настоящее время широко применяются системы мониторинга подвижных объектов, на базе других систем местоопределения, таких как GPS, "Лоран" и "Чайка". Однако эти системы имеют следующие недостатки [1]:

- при использовании GPS необходимо, чтобы в процессе работы обеспечивалась радиовидимость верхней полусферы, что затруднено в условиях города, не работает в тоннелях и дворах-колодцах (С-Пб "не виден" более чем на 25%);

- относительно большое время выхода в рабочий режим ("теплый старт" – 15 с, "холодный старт" – 45 с);

- достаточно простая возможность установки "подавителя" сигналов системы GPS;
- системы типа "Лоран" и "Чайка", в условиях города, подвержены сильному влиянию протяженных токопроводящих сред (линии ЛЭП, рельсы транспорта и т.п.), приводящих к искажению электромагнитного поля и, следовательно, к большим ошибкам определения местоположения (например, вблизи трамвайных линий ошибка местоопределения может достигать нескольких километров).

Достоинством этих систем является неограниченность зоны обслуживания.

Система местоопределения подвижных объектов, рассматриваемая далее, в значительной степени лишена указанных выше недостатков: используется метод определения координат подвижных объектов посредством стационарных пунктов с известными координатами. Решаемые при этом задачи могут быть самыми разными [9]:

- Аварийные (поисково-спасательные) радиомаяки — в классическом смысле — радиостанции с ненаправленным излучением, по их сигналам спасательные службы производят поиск. Аварийные маяки могут передавать в своём сигнале собственные координаты, полученные со средств бортового оборудования или со спутниковых систем. Могут также содержать приёмопередатчик дальномерного канала, а также, телеметрический канал, для передачи информации об объекте.

- Радиомаяки систем слежения за перемещением объектов — ненаправленные, могут содержать приёмопередатчик дальномерного канала, а также, телеметрический канал, для передачи информации об объекте.

- Научные радиомаяки — для слежения за природными объектами(измерение дрейфа льдин, зондирование атмосферы, исследование морских глубин).

- Охранные радиомаяки- охрана автотранспорта.

- Радиомаяки для негласного контроля — применяются в оперативно-розыскной деятельности, в разведывательной деятельности, а также в криминальных целях.

Дальность и точность[9]. Радиомаяки, работающие в диапазонах длинных волн (километровые и более), имеют дальность действия до 500 км. Они обеспечивают точность пеленгации с борта объекта ~1-3° (по азимуту). Всенаправленные радиомаяки, работающие в диапазонах дециметровых и сантиметровых волн, имеют дальность действия, ограниченную прямой видимостью, и обеспечивают точность определения азимута до 0,1-0,25°, измерение дальности до 0,1- 10м

4.2 Пояснение принципа определения местоположения

С помощью распределенной сети пунктов приема сигналов радиомаяка возможно отслеживание местоположение объектов, оборудованных радиомаяками. Структурная схема такой системы представлена на рис.1. Система состоит из следующих элементов: стационарной компоненты, мобильной компоненты, каналов связи.

Стационарная компонента является основной частью системы мониторинга.

Данная компонента включает в себя центр управления (ЦУ) и ряд периферийных пунктов (Пп1-Пп4) с известными координатами, разнесенных в пространстве в зависимости от топологии местности и требуемой точности местоопределения.

С целью увеличения точности местоопределения в состав стационарной компоненты может входить один или несколько подвижных Пп. Пп могут быть связаны между собой каналами связи, обеспечивая дополнительную возможность передачи информации в ЦУ.

Пункты Пп могут измерять как направление на маяк (измерять пеленг), дальность до маяка (используя систему "запрос-ответ" по линии связи "Пп-объект"), так и разность дальностей (измеряя разность времени прихода сигнала радиомаяка на различные Пп).

Идентификационная информация объекта, как правило, содержится в передаваемом объектом сигнале.

Центр управления (ЦУ) осуществляет обработку сообщений, полученных периферийными пунктами. ЦУ связан с периферийными пунктами каналами связи: волоконно-оптическими и (или) радиорелейными. Территориально возможно совмещение ЦУ с одним из Пп.

Мобильная компонента системы мониторинга представляет собой подвижный объект с установленным на нем радиомаяком. Сигналы радиомаяка принимают периферийные пункты.

Технически наиболее просто осуществлять разностно-дальномерный метод измерения координат подвижных объектов.

Посредством периферийных пунктов фиксируется время прихода сигнала, а также вид кодовой последовательности, идентифицирующей объект.

Эти данные Пп передает в центр управления (ЦУ). В ЦУ определяется разность времени приема сигналов на различные Пп (при использовании разностно-дальномерного метода) и строится семейство гипербол (рис.2).

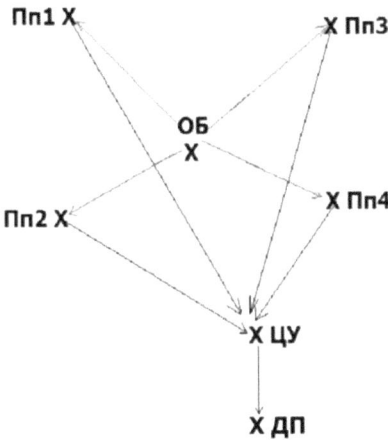

Рис.1 Структурная схема системы: Пп1-Пп4- периферийные пункты; ЦУ-центр управления; ОБ-объект; ДП-диспетчерский пункт; _____ - волоконно-оптические или радиорелейные линии связи; _____ - радиоканалы связи

Число возможных линий положения определяется как число сочетаний из числа периферийных пунктов по два – на базе сигналов двух периферийных пунктов можем построить одну линию положения. Так для пяти периферийных пунктов можно построить десять линий положения, для 6 – 15 (таблица 1).

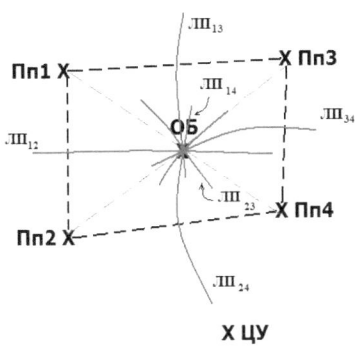

Рис.2 Иллюстрация принципа формирования линий положения

Таблица1. Количество линий положения

Кол-во Пп(n)	2	3	4	5	6
Кол-во ЛП(N)	1	3	6	10	15

N=n!/2!(n-2)!

Место пересечения этих линий положения определяет местоположение объекта. Избыточное число линий положения позволяет выбрать наилучший геометрический фактор - линии положения, пересекающиеся под углом близким к 90о (при таком угле вероятность ошибки определения местоположения наименьшая) (рис.3) [3].

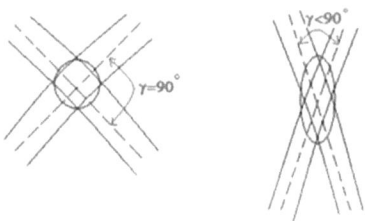

Рис.3 Иллюстрация ошибок определения местоположения, вызванных геометрическим фактором

В ЦУ, по совокупности полученной от нескольких Пп информации, осуществляется идентификация контролируемого объекта и одновременно определяется его местоположение. После идентификации контролируемого объекта принимаются данные о его состоянии. В общем случае, информация об объекте может быть передана на взаимодействующий с ЦУ и заинтересованный в данной информации диспетчерский пункт (ДП).

Основные требования к системе мониторинга следующие:
- зона действия системы,
- достоверность идентификации контролируемого объекта,
- погрешность определения местоположения.

Как было показано выше, для надежного местоопределения радиомаяка необходимо обеспечить его "радиовидимость" несколькими Пп (см. рис.1 и 2).

4.3 Пример. Определение местоположения радиомаяков охранной автомобильной системы.

Как правило, такие системы работают в условиях города. Рассмотрим основные требования к системе на примере г. Санкт-Петербург.

- Зона действия системы – вся территория города Санкт – Петербурга, с полнотой охвата - не менее 95…97%.

- Достоверность идентификации контролируемого объекта и его состояния - не ниже 95%.

- Погрешность определения местоположения (среднеквадратическая) - не более 100м.

- Максимальное количество обслуживаемых датчиков на контролируемых объектах – не менее 100000.

Как было показано выше, для надежного местоопределения радиомаяка необходимо обеспечить его "радиовидимость" несколькими Пп (см. рис.1 и 2). Рассмотрим особенности распространения радиоволн в условиях города.

Характеристики каналов систем подвижной радиосвязи определяются, в первую очередь, условиями распространения полезного сигнала и видом воздействующих помех.

Кроме существующих во всех диапазонах радиоволн тепловых шумов, наиболее характерны для диапазонов длинных (ДВ), средних (СВ) и коротких волн (КВ) помехи от мешающих радиостанций, а также импульсные помехи от атмосферных грозовых разрядов. Кроме того, в диапазонах СВ и КВ имеют место замирания сигналов, связанные с многолучевостью распространения радиоволн.

Системы подвижной радиосвязи, как правило, работают в УКВ диапазоне. По характеру помеховой обстановки системы можно разделить на две группы: работающие в сельской местности и в условиях города.

Более сложная помеховая обстановка наблюдается в городских системах, которые содержат комплекс помех, в том числе и помехи от систем зажигания автомобилей, уровень которых достаточно высок.

На рис.4 рассмотрены источники электромагнитных помех (ЭМП), которые оказывают влияние на работу системы [10]. Как видно из рис. 4, источники помех можно разделить, прежде всего, на естественные и искусственные. Для удобства рассмотрения разделим все естественные источники электромагнитных помех на две категории:

- земные (источники атмосферного происхождения) ;

- внеземные (источники, находящиеся за пределами земли).

Земные источники помех более нестационарные, в то время как за несколькими исключениями шумы от звезд, галактики и других областей ближе к белому шуму с ограниченной шириной полосы. При отсутствии искусственных помех естественные помехи будут ограничивать полезную максимальную чувствительность большинства приемников, работающих на частотах ниже 300 МГц. Земные источники естественных помех включают в себя естественные излучения, поступающие из земной атмосферы, поверхности Земли.

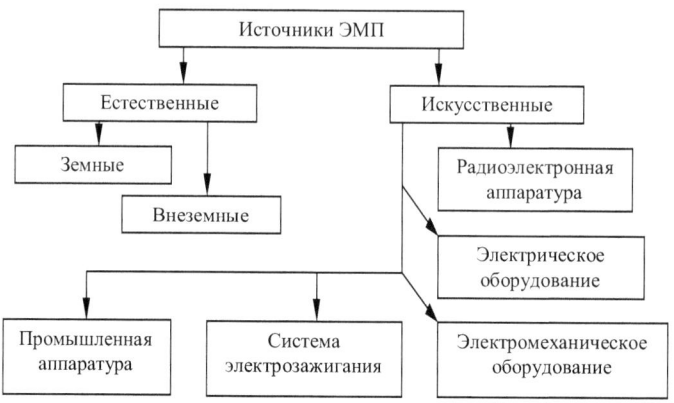

Рис.4 Источники электромагнитных помех

Атмосферные шумы являются доминирующим естественным источником радиопомех на частотах ниже 30 МГц. Они образуются электрическими разрядами во время гроз. Эти шумы имеют спектры излучения средней ширины, при этом максимальная амплитуда имеет место на частотах от 2 до 3 *МГц*. Помехи, вызываемые тропическими грозами, распространяются ионосферной волной на расстояния в несколько тысяч километров. Доминирующими источниками атмосферных шумов на этих частотах являются грозовые местные разряды. Уменьшающаяся спектральная плотность разрядов от радиочастоты делает атмосферные шумы незначительным источником помех на частотах выше 30 МГц на средних и полярных широтах.

Электрические поля, создаваемые атмосферными шумами, имеют импульсный характер и содержат значительное число импульсов очень большой амплитуды, вызванных эхом от грозовых разрядов. Импульсы большой амплитуды накладываются на фон, состоящий из импульсов меньшей амплитуды, огибающая напряжения которых имеет релеевское распределение.

Внеземные (космические) источники естественных помех включают в себя естественные излучения за пределами земной атмосферы, такие как фоновые шумы внеземных источников и солнечные шумы. Хотя шумы внеземных источников обычно находятся ниже уровней промышленных помех, они могут затруднять прием сигналов наземными подвижными станциями, которые работают в спокойной, с точки зрения электрических помех, сельской местности.

Космические шумы образуются в галактике как результат сложения шумов от неразрешенных в пространстве дискретных источников. Шумы с непрерывным законом распределения имеют два источника возникновения, один из которых - ионизированный водород, дающий спектр теплового излучения абсолютно черного тела, а другой - электронно-синхронное излучение, имеющее нетепловой спектр с линейно-поляризованным полем. Сложные источники фоновых шумов дают значительное радиоизлучение на частоте выше 300 кГц в обоих полушариях.

Солнечные шумы. Во время периодов солнечной активности на Солнце наблюдаются интенсивные видимые вспышки энергии зачастую до 12 раз в сутки. Эти вспышки сопровождаются резким подъемом уровня радиошумов. Шумы, вызываемые солнечными вспышками, имеют разные спектральное содержание, длительность и поляризацию. Шумовое излучение спокойного солнца характеризует период солнечного минимального излучения, который наблюдается в течение 11-летних периодов очень низкой солнечной активности.

Шумовая буря, которой характеризуется период средней интенсивности солнечных шумов, вызывает появление кратковременных выбросов узкополосных импульсов. Ни шумовая буря, ни излучение спокойного солнца не превышают уровней космических шумов на частотах ниже 3 ГГц. Тем не менее, и те и другие необходимо учитывать при определении рабочих характеристик приемника в течение низкой солнечной активности.

К числу искусственных или промышленных источников помех относятся приборы, оборудование и машины, созданные человеком. Искусственные помехи может излучать наземная и космическая аппаратура, однако необходимо отметить, что космическая аппаратура вносит лишь незначительную часть искусственных помех.

Помехи от систем зажигания автомобилей. В диапазоне частот 30 ... 1000 *МГц*, широко используемом системами подвижной радиосвязи, существенное значение приобретают импульсные помехи, создаваемые системами зажигания подвижных объектов. Спектральная плотность мощности импульсной помехи от системы зажигания подвижных объектов занимает частотную область от десятков килогерц до единиц ГГц и имеет два максимума на частотах несколько десятков и несколько сотен мегагерц, которые существенным образом зависят от параметров системы зажигания. Во временной области импульсная помеха от системы зажигания подвижного объекта представляет собой последовательность пачек коротких импульсов.

Длительность одного импульса в пачке около десятых долей - единиц наносекунд, а длительность пачки от единиц до десятков микросекунд. Частота следования импульсов в пачке зависит от геометрических размеров элементов системы зажигания и помехоподавляющего фильтра и может изменяться от 100 до 300 МГц, Вопрос о периодичности пачек можно рассматривать в двух ситуациях. В первой исследуется группа движущихся автомобилей, во второй - один автомобиль. В первом случае помеха является случайным нестационарным импульсным процессом и может рассматриваться как хаотическая импульсная помеха (ХИП). Во втором случае импульсную помеху можно рассматривать как квазипериодический процесс возникновения пачек импульсов, что подразумевает незначительное, по сравнению с длительностью периода, изменение периода их следования.

Очевидно, при задании общей модели импульсной помехи в городских условиях помеху от системы зажигания подвижного объекта следует рассматривать как ХИП. Поскольку описывать точную структуру импульсной помехи от системы зажигания подвижного объекта достаточно сложно и громоздко, в ряде работ предлагается пачку импульсов рассматривать как радиоимпульс со случайной частотой заполнения, соответствующей частоте следования импульсов в пачке.

Помехи от высоковольтных линий. Влияние импульсных помех, возникающих от высоковольтных линий электропередачи (ЛЭП), проявляется в основном на частотах до 100 МГц в виде мощного случайного импульсного шума, вызванного коронным разрядом. Их интенсивность увеличивается во время дождя и перед грозой. Длительность импульсных помех от ЛЭП около нескольких миллисекунд, хотя в отдельных экспериментах были зафиксированы импульсы длительностью примерно 10нс. Форма и определяющие параметры импульсных помех от ЛЭП - случайны.

Помехи от электротранспорта. Среди индустриальных помех в отдельную группу выделяются помехи, создаваемые электротранспортом (трамваи, троллейбусы, городские участки электрифицированных дорог). Но более интенсивные импульсные помехи возникают в контакте пантографа с токоведущим электрическим проводом, однако уровень их очень нестабилен (разброс до *20дБ*). Временные характеристики импульсных помех от электротранспорта, судя по незначительным сведениям, имеющимся в литературе, аналогичны временным характеристикам импульсных помех от гроз. Они представляют собой редкие импульсы нерегулярной формы различной длительности (примерно одна миллисекунда).

На основе краткого рассмотрения комплекса помех в городских условиях следует отметить, что существенное влияние на качество приема оказывают импульсные помехи, определяющими из которых в диапазоне свыше 100 МГц являются помехи от системы зажигания двигателей внутреннего сгорания подвижных объектов. Точное статистическое описание источников помех даже для конкретных городских условий достаточно сложно, практическая ценность разрабатываемых математических моделей источников помех (ИП) проблематична. С одной стороны, они достаточно громоздки и приводят к устройствам, трудно реализуемым на практике, а с другой - не учитывают динамичное развитие города, т. е. не являются достаточно универсальными. Поэтому представляется целесообразным рассматривать ИП как случайный импульсный поток, основными, наиболее достоверными параметрами которого являются: динамический диапазон изменения амплитуды помехи и вероятность появления ИП на интервале наблюдения.

Рассмотрим зависимость мощности сигнала от высоты антенн. В реальных условиях антенна на подвижном объекте обычно скрыта, а антенна на центральной станции возвышается над местностью. Влияние изменения высоты антенны различно для этих двух случаев, а потому рассмотрим их отдельно.

Влияние высоты антенны центральной станции. Было обнаружено, что изменение напряженности поля принимаемого сигнала с расстоянием и высотой антенны остается по существу одинаковым для всех частот в диапазоне от 200 до 2000 *МГц*. Для расстояний между антеннами менее 10км мощность принимаемого сигнала изменяется почти пропорционально квадрату высоты антенны центральной станции (6 *дБ на октаву*).

При очень больших высотах антенны центральной станции и при больших расстояниях (более 30км) мощность принимаемого сигнала становится почти пропорциональной кубу высоты антенны (9 *дБ на октаву*).

Рассчитанные теоретически зависимости медианного значения мощности принимаемого сигнала нормированы к мощности при высоте антенн h_b =200 м и h_m= 3 м. Они могут использоваться для частот в диапазоне от 200 до 2000 *МГц*.

Влияние высоты антенны на подвижном объекте. По понятным причинам высота антенны на подвижном объекте не превышает *4м*. В широком диапазоне частот наблюдалось возрастание фактора «высота - усиление» на 3 дБ для трехметровой антенны на подвижном объекте по сравнению с полутораметровой. В некоторых специальных случаях, когда высота антенны может превышать 5м, этот фактор зависит от частоты и свойств окружающей среды. В среднем по площади городе на частотах передаваемого сигнала *2000 МГц* этот фактор может достигать 14 *дБ/октаву*, в то время как для очень большого города и на частотах ниже 1000 *МГц* фактор «высота - усиление» не превышает 4 *дБ/октаву* при h>5 м.

Влияние расположения улиц. При наблюдении характера распространения радиоволн, в городских условиях было замечено, что здания образуют каналы для радиоволн, так что наиболее интенсивные лучи оказываются не обязательно прямыми линиями из-за дифракции на краях соседних зданий. Как обнаружено, такие лучи направлены параллельно улицам. Радиальные или почти радиальные по отношению к центральной станции улицы оказывают наиболее сильное влияние на формирование каналов для радиоволн. Это приводит к тому, что медианное значение мощности сигнала отличается не менее чем на 20 *дБ* от соответствующего значения для близко расположенных от передатчика участков.

Затухание сигнала в туннелях. Хорошо известно, что УКВ сигналы, обычно применяемые для связи с подвижными объектами, подвержены значительному затуханию при распространении в туннелях. Диапазон УКВ может быть использован для длинных туннелей (около 300м) только при применении специальных антенн. Однако на частотах диапазона СВЧ туннели обладают свойством образования каналов для радиоволн и в этом диапазоне связь существенно лучше, чем в диапазоне УКВ.

Характеристики искусственных шумов. Шумы искусственного происхождения в подвижной связи порождаются преимущественно случайными источниками, такими как системы автомобильного зажигания, шумовые излучения высоковольтных линий, промышленное оборудование.

Среднее значение и стандартное отклонение. При определении среднего значения уровня шума необходимо рассмотреть три типа местности, а именно: деловую часть города (с высокой плотностью застройки и значительной высотой зданий), жилую часть города (с меньшей плотностью застройки и менее высокими зданиями) и сельскую местность. Отметим, что всем трем местностям соответствует один и тот же наклон графиков - примерно 28 дБ/декаду.

Наибольший уровень шума соответствует деловой части города: он на 6 *дБ* превышает тот же показатель для жилой части города и на 12 *дБ* - для сельской местности. На частотах ниже 30 *МГц* прогнозируемый уровень искусственного шума в деловой части города несколько больше, а график немного круче, чем в пригороде. Однако искусственные шумы в деловой части города намного меньше, чем шумы в городе. Это сравнение показывает, что измерения искусственного шума в большой степени зависят от того, где они проводились и, как определялся тип территории.

Усредненный шум от систем автомобильного зажигания. Средняя мощность этого шума уменьшается с увеличением частоты. Можно видеть, что преобладающим видом искусственных шумов является шум от систем автомобильного зажигания. Когда плотность движения превышает 1000 автомобилей в час, может наблюдаться заметное увеличение шума вплоть до частоты *1 ГГц.*

Анализ особенностей распространения радиоволн в условиях города показал, что для надежного местоопределения радиомаяка целесообразно задействовать частотный ресурс в диапазоне *850-1000МГц* с эквивалентной полосой частот ≈20 *МГц*. Для проведения энергетического расчета радиоканала примем следующие исходные данные:

-мощность передатчика на подвижном объекте P_{nep}=4 *Вт*;

-эквивалентная шумовая температура искусственных шумов в городе T_{uuu}=30000 K^0 [5];

- эквивалентная шумовая температура приемника T_{np}=3000 К^0 [5];

- эквивалентная полоса частот F=20МГц;

- коэффициент усиления антенны на подвижном объекте $G_m = 2$;

- коэффициент усиления антенны базовой станции $G_b = 20$;

- расстояние между подвижным объектом и базовой станцией d = 5000 м;

- высота антенны базовой станции h_b=60 м;

- высота антенны на подвижном объекте h_m=1 м.

Передача в свободном пространстве. Энергия, поступающая на приемную антенну, расположенную на некотором расстоянии от передающей выражается простой формулой при условии, что в зоне передачи нет объектов, поглощающих или отражающих энергию. Такая формула, характеризующая распространение радиоволн в свободном пространстве, дает значение энергии, которое обратно пропорционально квадрату расстояния d между антеннами:

$$P_{np} = P_{nep} \cdot \left(\frac{\lambda}{4\pi d} \right)^2 \cdot G_b G_m , \qquad (1)$$

где P_{np} - мощность принимаемого сигнала,

P_{nep} - мощность передаваемого сигнала,

λ - длина волны,

d- расстояние между антеннами,

G_b- коэффициент усиления антенны базовой станции,

G_m- коэффициент усиления антенны на подвижном объекте.

Распространение радиоволны над плоской поверхностью Земли. Знание законов распространения радиоволн над ровной поверхностью служит отправной точкой для оценки характера распространения радиоволн в реальной ситуации. Общие аналитические результаты, полученные Нортоном, для случая распространения над плоской поверхностью, были упрощены Баллигтоном путем разложения решения Нортона на множество волн, включающих прямую, отраженную и поверхностную волны. Зависимость мощности принимаемого сигнала от мощности передаваемого, полученная Баллигтоном, имеет вид [10]:

$$P_{np} = P_{nep} \cdot \left[\frac{\lambda}{4\pi d} \right]^2 G_b G_m \left| 1 + \mathrm{Re}^{i\Delta} + (1-R)Ae^{i\Delta} + ... \right|^2 .$$

$$(2)$$

Первое слагаемое в сумме под знаком модуля соответствует прямой, второе - отраженной, третье - поверхностной волне, а остальные слагаемые описывают индукционное поле и вторичное влияние поверхности земли.

Коэффициент отражения от поверхности земли зависит от угла падения волны Θ, ее поляризации и характеристик поверхности земли следующим образом:

$$R = (\sin\Theta - z)/(\sin\Theta + z),$$

$$(3)$$

где

$z = (\sqrt{\varepsilon_0 - \cos^2\Theta})/\varepsilon_0$ - для случая вертикальной поляризации;

$z = (\sqrt{\varepsilon_0 - \cos^2\Theta})$ - для случая горизонтальной поляризации;

$\varepsilon_0 = \varepsilon - i160\sigma\lambda$;

ε - диэлектрическая постоянная поверхности земли, отнесенная к соответствующей постоянной свободного пространства, принятой за единицу;

σ - удельная проводимость почвенного покрова в мега омах на метр.

Величина Δ - представляет собой разность фаз прямой и отраженной волн, распространяющихся между передающей и приемной антеннами.

$$\Delta = \frac{2\pi}{\lambda}\left[\left(\frac{h_b + h_m}{d} \right)^2 + 1 \right]^{1/2} - \frac{2\pi d}{\lambda}\left[\left(\frac{h_b - h_m}{d} \right)^2 + 1 \right]^{1/2} .$$

$$(4)$$

При $d > 5h_b h_m$

$$\Delta \approx 4\pi h_b h_m / \lambda d.$$

$$(5)$$

Поскольку земная поверхность не является идеальным проводником, то часть энергии поглощается землей в результате наведения волной токов, искажающих распределение поля относительно его распределения в случае распространения радиоволны над идеально проводящей поверхностью. Коэффициент затухания поверхностной волны зависит от частоты, поляризации радиоволны и параметров почвенного слоя земли.

Приближенное значение А, справедливое при условии |А|<0,1 , имеет вид

$$A \approx -1/[1 + i(2\pi d/\lambda)(\sin\Theta + z^2)].\tag{6}$$

В силу того, что влияние такой поверхностной волны существенно лишь на расстоянии нескольких длин волн от земной поверхности, то им во многих случаях связи с подвижным объектом в используемом нами диапазоне можно пренебречь.

При приближении угла падения радиоволн к нулю градусам, что следует из исходных данных, величина коэффициента отражения стремится к единице независимо от поляризации волны. При частотах выше 100 МГц, некотором «среднем» почвенном покрове земли (см. табл. 1) и вертикальной поляризации величина |R| превышает 0,9 для углов падения волны менее 10 градусов по отношению к горизонту. При горизонтальной поляризации и частотах выше 100 МГц величина |R| превышает 0,5 для углов меньших 5 градусов. Если угол падения составляет не более одного градуса, величина |R| превышает 0,9.

Если R = -1, а величиной A можно пренебречь, то

$$P_{np} = 4P_0 \sin^2(2\pi h_b h_m/\lambda d).\tag{7}$$

Во многих случаях связи с подвижным объектом величина $\sin(\Delta/2) \approx \Delta/2$ (за исключением передачи в непосредственной близости от станции). Таким образом, потери энергии при передаче над плоской земной поверхностью приближенно описываются выражением:

$$P_{np} = P_{nep}G_b G_m (h_b h_m/d^2)^2.\tag{8}$$

Критерий неровности поверхности. С увеличением частоты сигнала диапазона СВЧ предположение о том, что поверхность земли плоская, может не выполнятся из-за наличия различных неровностей. Мерой степени «гладкости» может служить критерий Релея:

$$C = 4\pi\sigma\Theta/\lambda,\tag{9}$$

где σ - стандартное отклонение неровностей поверхности от средней высоты поверхности.

Экспериментальные результаты показывают, что при C<0,1 можно считать поверхность гладкой, т.е. можно пользоваться приведенными выше расчетами. При C>10 поверхность следует считать неровной и в этом случае амплитуда отраженной волны очень мала, т.е. мощность принимаемого сигнала обратно пропорциональна четвертой степени расстояния между антеннами.

Параметры почвенного покрова земной поверхности на интересующем нас пути распространения радиоволны используется в расчетах потерь, как при прямолинейном пути, так и при дифракции на этом пути. В диапазоне СВЧ величина диэлектрической постоянной оказывает существенное влияние на распространение радиоволн. Если величины, приведенные в таблице 1, подставить в формулы для коэффициента отражения над плоской поверхностью Земли, то можно видеть, что для частот, превышающих 100 МГц, влияние этих параметров не столь велико.

Таблица 1. Типичные параметры различных почвенных покровов Земли

Тип поверхности	σ, МОм/м	ε
Бедный почвенный покров	0,001	4
Почва со средней степенью плодородности	0,005	15
Плодородная почва	0,02	25

Баллингтон экспериментально нашел, что наиболее вероятные пути распространения радиоволн в диапазоне СВЧ над относительно неровной поверхностью можно определить, если считать, что коэффициент отражения находится в пределах 0,2 ... 0,4. На основании вышесказанного, примем R = 0,3.

Дифракция радиоволн на острых краях. Часто при распространении радиоволн от подвижного объекта до центральной станции прямолинейный путь искривляется из-за наличия препятствий в виде холмов, деревьев и зданий. При оценке величины затухания сигнала считают, что одиночное препятствие типа холма, оказывающее экранизирующее воздействие, вызывает дифракцию на острых краях.

В пределах теневой зоны за острым краем напряженность электрического поля Е, может быть представлена в виде:

$$\frac{E}{E_0} = A\exp(i\Delta),$$

$$(10)$$

где E_0 - напряженность электрического поля на остром крае, А – амплитуда, Δ - фазовый угол относительно направления пути распространения радиоволн. Выражения для А и   могут быть записаны с использованием интегралов Френеля:

$$A = \frac{(S+1/2)}{\sqrt{2}\sin(\Delta + \pi/4)}$$

$$\Delta = tg^{-1}\left(\frac{S+1/2}{C+1/2}\right) - \frac{\pi}{4},$$

$$(11)$$

где

$$C = \int_0^{h_0} \cos\left(\frac{\pi}{2}v^2\right)dv$$

$$S = \int_0^{h_0} \sin\left(\frac{\pi}{2}v^2\right)dv$$

$$h_0 = h\sqrt{\frac{2}{\lambda}\left(\frac{1}{d_1} + \frac{1}{d_2}\right)}.$$

Для случая передачи сигнала в диапазоне СВЧ с подвижным объектом можно сделать некоторые допущения, упрощающие вычисления. Рассмотрим бесконечную абсолютную поглощающую полуплоскость, проходящую через преграду и делящую все пространство на две части. Если расстояния d_1 и d_2 от полуплоскости до передающей и приемной антенн велики по сравнению с высотой h, а h велика по сравнению с длиной волны λ, т.е. $d_1, d_2 \gg h \gg \lambda$, то мощность радиоволны, возникшей в результате дифракции, выражается соотношением:

$$\frac{P}{P_{np}} = \frac{1}{2\pi^2 h_0^2}. \tag{12}$$

Этот результат можно считать независящим от поляризации при соблюдении выше названных условий.

Влияние дождя и атмосферы. Сигналы СВЧ, передаваемые с подвижного объекта, подвержены затуханию при наличии дождя, снега и тумана. Потери зависят от частоты сигнала и степени влажности на пути его распространения. На более высоких частотах СВЧ наблюдается частотно-избирательное поглощение из-за присутствия кислорода и водяных паров в атмосфере. Первый пик такого поглощения, вызванного наличием водяного пара, расположен на частотах около 24 ГГц, а первый пик, обусловленный наличием кислорода – на частотах около 60 ГГц.

Так как диапазон работы рассматриваемой системы на много ниже, то влиянием этих факторов можно пренебречь.

Энергетический расчет. Для выполнения требований, предъявляемых к качеству сигнала, необходимо выполнение неравенства:

$$\frac{P_{np}}{P_{uu}} \geq 20$$ дБ.

Иными словами, мощность сигнала должна превышать помеху не менее чем в 100 раз, то есть

$$\frac{P_{np}}{P_{uu}} \geq 100$$ раз

P_{np} – мощность принимаемого сигнала (Вт);

$P_{ш}$ – мощность шума (Вт).

Выполним энергетический расчет радиоканала с целью проверки этого неравенства с вышеприведенными исходными данными.

Так как выполняется условие: $d > 5h_b h_m$,

5000м>225м, то разность фаз прямой и отраженной волн, распространяющихся между передающей и приемной антеннами, вычисляется по упрощенной формуле:

$\Delta \approx 4\pi h_b h_m \, / \, \lambda d$,

где λ - длина волны (м), d- расстояние между антеннами (м), h_b -высота антенны базовой станции (м), h_m -высота антенны на подвижном объекте (м).

Таким образом имеем :
$$\Delta = 4 \cdot \frac{\pi \cdot 1 \cdot 60}{0,33 \cdot 5000} = \frac{56,52}{1650} = 0,457 \, .$$

Так как наиболее вероятные пути распространения радиоволн в диапазоне высоких частот над относительно неровной поверхностью можно определить, если считать, что коэффициент отражения находится в пределах 0,2 ... 0,4 , то примем $R = 0,3$.

В силу того, что влияние поверхностной волны существенно лишь на расстоянии нескольких длин волн от земной поверхности, то им во многих случаях связи с подвижным объектом в данном диапазоне можно пренебречь. Тогда мощность принимаемого сигнала будет равна (см. формулу 2):

$$P_{np} = 4 \cdot \left(\frac{0,33}{4 \cdot \pi \cdot 5000} \right)^2 \cdot 2 \cdot 20 \cdot \left| 1 + R \cdot e^{i \, 0,457} \right|^2 = 7,187 \cdot 10^{-9} \, Bm.$$

Мощность шума в канале связи рассчитаем по формуле:

$P_{ш} = 4k(T_{иш} + T_{np})\Delta F$,

где $k = 1.38 \cdot 10^{-23}$ Дж/$К^0$ - постоянная Больцмана, $T_{иш}$=30000 $К^0$ - эквивалентная шумовая температура искусственных шумов в городе, T_{np}=3000 $К^0$ - эквивалентная шумовая температура приемника, ΔF -эквивалентная полоса частот ($Гц$).

Тогда учитывая искусственные шумы в городе (шумы зажигания автомобиля, шумы других автомобилей, находящихся в потоке движения, шумы электрического транспорта и т.п.), а также внутренние шумы приемника, в соответствии с исходными данными получим:

$$P_{ш} = 4 \cdot 1,38 \cdot 10^{-23} \cdot (30000 + 3000) \cdot 20 \cdot 10^6 = 3,643 \cdot 10^{-11} \, Bm.$$

Определим отношение: $\dfrac{P_{np}}{P_{uu}} = \dfrac{7{,}187 \cdot 10^{-9}}{3{,}643 \cdot 10^{-11}} \approx 198$.

Таким образом необходимое условие : $\dfrac{P_{np}}{P_{uu}} \geq 100 \geq 20$ $\partial Б$- выполняется.

Литература

1. Бакулев П.А., Сосновский А.А.   Радиолокационные   и радионавигационные системы. Уч. пособ. для вузов. – М.: Радио и связь, 1994. – 315 с.

2. Сосулин Ю.Г. Теоретические основы радиолокации и радионавигации. – М.: Радио и связь, 1992. – 256 с.

3. Белавин О.В. Основы радионавигации. – М: Соврадио, 1977. – 177 с.

4. Байрашевский А.М., Быков В.И., Никитенко Ю.И., Положинцев В.А. Радионавигационные приборы. – М.: Транспорт, 1966. – 399 с.

5. Кинкулькин И. Е., Рубцов В. Д., Фабрик М. А. Фазовый метод определения координат. - М.: Советское радио, 1979. — 280 с.

6. Макшанов А.В., Смирнов А.В., Шашкин А.К. Робастные методы обработки сигналов в радиотехнических системах синхронизации. – СПб.: ЛГУ, 1991. - 174 с.

7. Вудворд Ф.М. Теория вероятностей и теория информации с применениями в   радиолокации. - М.: Советское радио, 1965, - 128 с.

8. Первачев С.В., Валуев А.А., Чиликин В.М. Статистическая динамика радиотехнических следящих систем. –М.: Соврадио, 1973. - 487 с.

9. Авиационная радионавигация/под ред. А. А. Сосновского — М.: Транспорт, 1990.

10. Связь с подвижными объектами в диапазоне СВЧ/под редакцией Джейкса У.К.. –М.: Связь, 1979. -520с.